Manfred Föger
Anita Kuprian

Säugetiere Namibias

Beobachten – Bestimmen – Erleben

Vorwort

Es gibt verschiedenste Gründe nach Namibia zu reisen: Die einzigartige Landschaft des Landes beeindruckt durch ihre unendlich erscheinende Weite. Mit der Namib lockt die älteste Wüste der Welt, welche vom Rand des zentralen Hochplateaus bis an die Atlantikküste reicht. Im Osten dagegen breitet sich die Kalahari-Wüste aus, welche durch verschiedenste landschaftliche Höhepunkte besticht. Nicht zuletzt werden diese vielfältigen Eindrücke durch die feuchteren und damit auch üppiger bewachsenen Landesteile im Norden und Nordosten Namibias bereichert.

Daneben reizt das Land mit seiner faszinierenden Erdgeschichte: Manche Formationen Namibias zählen zu den ältesten Gesteinen der Welt und sind rund eine Milliarde Jahre alt. Dies lockt nicht nur Geologen, sondern auch zahlreiche Liebhaber schöner Steine und Mineralien zu den berühmten Fundstellen, so etwa im Umfeld der alten Minenstadt Tsumeb. Über dieser landschaftlichen und geologischen Vielfalt wölbt sich ein überaus klarer Himmel, die Sicht ist nur selten durch Wolken getrübt. Astronomen – egal ob Profis oder Amateure – finden in den namibischen Nächten ideale Bedingungen zur Beobachtung von Gestirnen, zumal in dem dünn besiedelten Land auch die nächtliche Lichtverschmutzung außerordentlich gering ist.

Nicht zuletzt existiert in Namibia bis heute eine Fülle verschiedener Kulturen – von den ursprünglichen Völkern der Himba und San bis zu einer modern-städtischen Kultur in Windhoek. Jede der rund 17 verschiedenen Ethnien hat ihre eigene Sprache und Kultur und dennoch leben diese Volksgruppen in der noch jungen Nation weitgehend in friedlicher Koexistenz wie man sie auf dem afrikanischen Kontinent leider nur selten findet.

Doch bei fast jeder Namibia-Reise spielt auch die Beobachtung von Wildtieren eine wichtige Rolle, sei es in einem der zahlreichen Schutzgebiete oder in den unendlichen Weiten des offenen Landes. Und selbst wer in anderer Absicht gekommen ist, wird von der Vielfalt der namibischen Fauna unweigerlich in ihren Bann gezogen. Denn schon am Straßenrand begegnen dem Reisenden in Namibia immer wieder die verschiedensten Säugetiere: Bereits auf dem kurzen Weg vom Hosea Kutako International Airport in die Hauptstadt Windhoek können in der Savanne grasende Antilopen und Warzenschweine entdeckt oder herumstreunende Paviane in den Vororten beobachtet werden.

Die Fülle der verschiedenen Säugetiere macht es zunächst nicht leicht, die einzelnen Arten zuzuordnen bzw. zu unterscheiden. Insbesondere unter den Pflanzenfressern, allen voran den Antilopen, hat sich im Laufe der Evolution eine große Vielfalt herausgebildet – von den kleinen, nicht einmal rehgroßen Dikdiks bis hin zu wahren Riesen, den Elenantilopen, welche das Gewicht eines Kleinwagens erreichen können. Daneben bieten die Säugetiere Namibias viele weitere Superlative: Die schwerste Art der Welt kommt hier ebenso vor wie die höchste, der schnellste Jäger der Erde lebt neben urzeitlich anmutenden Ameisen- und Termitenfressern.

Wer nicht gerade einen umfangreichen Führer der Säugetiere Afrikas mit sich führen will, findet nur schwer entsprechend handliche Informationen. Diese Lücke soll das vorliegende Buch schließen: Es stellt die wichtigsten Säugetiere Namibias vor und ermöglicht durch die zahlreichen Abbildungen ein rasches Erkennen der einzelnen Arten. Wichtige Merkmale werden ebenso beschrieben wie die Verbreitung der einzelnen Arten in Namibia und interessante Details aus ihrem Leben. Daneben kommen aber auch Informationen für angehende Fährtenleser und Tipps für die Säugetier-Beobachtung in Namibia nicht zu kurz.Damit steht jedem Reisenden ein kompakter Feldführer für die Säugetiere Namibias zur Verfügung, der das Reisegepäck nicht belastet und dennoch eine Fülle an spannenden Beobachtungen ermöglicht. Egal, ob Sie nur wissen möchten, welches Tier eben an Ihrer Route zu sehen war oder die wechselnden Besucher an einem Wasserloch im Etosha National Park bestimmen wollen – dieses Buch ermöglicht das sichere Erkennen der wichtigsten Arten und regt mit seinen Informationen zu weiter gehenden eigenen Beobachtungen an.

Wir wünschen Ihnen auf Ihrer Reise zahlreiche eindrückliche Erlebnisse bei der Beobachtung der faszinierenden Säugetiere Namibias!

Manfred Föger, Anita Kuprian

Einführung

Mit einer Fläche von 824.292 km² ist die Republik Namibia etwa doppelt so groß wie Deutschland. Dennoch leben nur rund 2 Millionen Menschen in diesem Staat des südlichen Afrikas. Das Land ist damit außerordentlich dünn besiedelt und viele Regionen sind echte Wildnisgebiete. Zudem ist der Naturschutz in der Verfassung Namibias verankert – eine für Afrika sehr außergewöhnliche Gesetzeslage, welche zusätzlich dazu beiträgt, dass beinahe im ganzen Land eindrucksvolle Natur- und damit auch Tierbeobachtungen möglich sind. Neben der hohen Anzahl an Vogel- und  Reptilienarten beeindruckt den Mitteleuropäer vor allem der scheinbar unerschöpfliche Wildreichtum Namibias. Verschiedenste Säugetiere sind in ganz Namibia zu sehen und oft zählen diese Beobachtungen zu den eindrucksvollsten Naturerlebnissen einer Namibia-Reise.

Säugetiere in Namibia - ein Höhepunkt der Artenvielfalt

Knapp 200 verschiedene Säugetier-Arten leben in Namibia, eine Vielfalt, welche mit der bescheidenen Artenfülle der Säugetiere Mitteleuropas nicht zu vergleichen ist. Acht dieser Arten sind endemisch, d.h. sie kommen ausschließlich in Namibia vor. Dabei handelt es sich jedoch vorwiegend um nachtaktive Kleinsäuger aus den Familien der Nagetiere und der Fledermäuse, welche der durchschnittliche Reisende kaum jemals zu Gesicht bekommen wird.

Besonders bemerkenswert sind dagegen die regelmäßigen Vorkommen vieler gefährdeter Arten, welche in anderen afrikanischen Ländern bereits sehr selten geworden oder gar ausgestorben sind. So beherbergt Namibia mehr als ein Viertel der weltweiten Gepardenpopulation und gilt als eines der wichtigsten Rückzugsgebiete für die beiden afrikanischen Nashornarten. Bei den häufigeren Arten beeindrucken die sehr hohen Bestandszahlen. So leben etwa allein im Etosha National Park fast 20.000 Springböcke sowie rund 8.000 Spießböcke, 6.000 Steppenzebras, 4.000 Gnus und mehr als 2.000 Elefanten. Zwar sind manche Arten nur in Schutzgebieten anzutreffen, die häufigsten Vertreter sind jedoch auch während normaler Autofahrten sehr oft zu sehen.

Lebensräume Namibias

Säugetiere kommen in allen Lebensräumen Namibias vor, wobei jedes Habitat eine spezifische, typische Artengemeinschaft beherbergt. Die Lebensräume differenzieren sich nach den Gelände- und Bodenverhältnissen, sowie nach der Seehöhe, insbesondere aber nach der durchschnittlichen jährlichen Niederschlagsmenge. Insgesamt ist Namibia ein relativ trockenes Land, die Niederschläge nehmen – mit Ausnahme der Gebiete an der Atlantikküste – von Süden nach Norden zu. So liegt die jährliche Niederschlagsmenge in Windhoek bei ca. 360 mm, im östlichen Caprivi-Streifen dagegen bei rund 600 mm. Zudem sind die Niederschläge nicht gleichmäßig über das Jahr verteilt. Die Regenzeit fällt in den Südsommer, das sind die Monate November bis Februar. Außerhalb dieser Periode fallen nur geringe Niederschläge.

Die Lebensräume des Landes lassen sich nach ihrer Vegetation drei verschiedenen Gruppen zuordnen: Mit rund 65 % der Landesfläche nehmen verschiedene Savannenlandschaften den größten Teil Namibias ein. 20 % sind als Wald einzustufen, wobei diese Wälder jedoch großteils von Trockenheit geprägt und nicht mit europäischen Wäldern vergleichbar sind. Der Rest des Landes wird von Wüsten unterschiedlicher Prägung eingenommen.

Unter dem Begriff Savanne werden verschiedene Vegetationstypen zusammengefasst. Allen gemeinsam ist jedoch, dass offenes Grasland von zumeist dornigen, trockenheitsresistenten Bäumen und Sträuchern durchsetzt ist. Je nach verfügbarer Niederschlagsmenge sind Anzahl und Artenzusammensetzung der Gehölze unterschiedlich. Dominierende Bäume und Sträucher der namibischen Savanne sind die verschiedensten Akazien-Arten. Savannen nehmen den Großteil des Zentralplateaus ein, kommen aber auch in den meisten nordwestlichen Landesteilen sowie in manchen Bereichen im Süden vor. Fast alle wichtigen Wildarten Namibias kommen in der Savanne vor und können hier leichter beobachtet werden als in dichteren Waldbeständen.

Im Übergang zum Waldland findet sich im zentralen Nordnamibia ein dichter mit Bäumen bestandener Savannentyp, die Mopane-Savanne, oft auch als Mopane-Wald bezeichnet. Dominierende Baumart ist in dieser Landschaft der Mopane-Baum (*Colophospermum mopane*), der aufgrund seiner Blattform auch Schmetterlingsbaum genannt wird. Mopane nimmt weite Flächen des Etosha National Parks und des nördlichen Kaokovelds ein, kommt aber auch im Caprivi-Streifen sowie in der Kalahari vor. Mopane-Bäume können zwar bis zu 25 Meter hoch werden, meist bleiben sie jedoch viel niedriger und bilden einen dichten Buschbestand aus. Gegen Ende der Regenzeit erscheinen die frischen grünen, jungen Blätter und wachsen zu ihrer typischen Form heran. Gegen Ende der Trockenzeit nehmen die Blätter verschiedenste Gelb- und Rottöne an und werden etwa im September/Oktober abgeworfen.

Dichte Mopane-Bestände sind bereits den eigentlichen Waldlandschaften zuzuordnen. Neben diesem Waldtyp treten in Namibia zwei weitere Arten von Wäldern auf. In der Kalahari kommen kleinflächige Teakwälder vor, Hauptbaum ist hier der Rhodesische Teak (*Baikiaea plurijuga*). Diese Bäume bilden ein lockeres Laubdach und lassen daher einen reichen Unterwuchs aus Sträuchern gedeihen. Je nach verfügbarer Niederschlagsmenge sind sie laubabwerfend oder immergrün. Feuchte, immergrüne Tropenwälder sind in Namibia selten und kommen nur in Form von flussbegleitenden Wäldern im Nordosten vor. Diese tropischen Auwälder finden sich nur an den wenigen ganzjährig wasserführenden Flüssen des Landes, so am Kunene, Kavango, Zambezi und Kwando River. An diesen Flüssen liegen auch die einzigen Verbreitungsgebiete wasserliebender Säugetiere, wie etwa von Flusspferden und Antilopen aus der Verwandtschaft der Wasserböcke.

Ebenso fließend wie der Übergang zum Wald ist die Grenze der Savannen zu den Wüstengebieten. Obwohl die Kalahari in der Regel auch als Wüste bezeichnet wird, ist sie eine offene Savannenlandschaft. Auch die von teilweise bizarr geformten Trockensträuchern besiedelten Sukkulentengebüsche Südnamibias sind noch den Savannen zuzurechnen. Nur die Namib im Westen Namibias ist eine echte Wüste und noch dazu die älteste der Welt. Sie nimmt die gesamte Küstenregion des Landes ein und reicht maximal 70 Kilometer ins

Landesinnere bis an den Fuß des Zentralplateaus. Niederschläge fallen hier nur selten und nicht jedes Jahr. Dennoch sorgen häufige Küstennebel für eine gewisse Grundversorgung mit Feuchtigkeit, so dass die Vegetation der Namib wesentlich artenreicher ist als jene klimatisch vergleichbarer Wüsten wie etwa der Sahara. Viele Pflanzen der Namib kommen nur in dieser Wüste vor. Am bekanntesten ist vermutlich die *Welwitschia mirabilis*, ein lebendes Fossil. In der Namib leben zudem die wohl berühmtesten Säugetiere des Landes, die sagenumwobenen Wüstenelefanten. Daneben kommen aber auch weiter verbreitete Arten mit den extremen Bedingungen der Namib zurecht, so dass – weit verstreut – auch zahlreiche andere Arten beobachtet werden können.

Zur Benutzung dieses Buches

Da die leichte Handhabung auf der Reise ein wesentliches Kriterium beim Verfassen dieses Buches darstellte, wurde zunächst eine Artenauswahl getroffen. Rein nachtaktive Arten und für durchschnittliche Reisende kaum zu beobachtende Kleinsäuger (z.B. Fledermäuse, Nagetiere) wurden nicht in den Band aufgenommen. Dagegen sind alle typischen und häufig zu beobachtenden Wildarten ebenso enthalten wie manche interessanten Raritäten.

Nach Vorwort und Einleitung nehmen die Beschreibungen der insgesamt 53 vorgestellten Arten bzw. Artengruppen den Hauptteil des Buches ein. Zur besseren Übersichtlichkeit wurden die Arten zu farblich gekennzeichneten Kategorien zusammengefasst, in denen ähnliche Säuger innerhalb weniger Seiten zu finden sind:

Antilopen und Verwandte	S. 8-33
Sonstige Pflanzenfresser	S. 34-51
Beutegreifer	S. 52-71
Sonstige Säugetiere	S. 72-81

Zwei weitere Kapitel, ebenfalls mit Kennfarben versehen, behandeln namibische Tierspuren sowie die besten Beobachtungsmöglichkeiten.

Tierspuren	S. 82-85
Beobachtungsmöglichkeiten	S. 86-93

Streifengnu
Connochaetes taurinus
Blouwildebees
Blue Wildebeest

Kennzeichen: Männchen erreichen eine Schulterhöhe von 150 cm und ein Gewicht von rund 250 kg. Weibchen sind etwas zierlicher, tragen jedoch ebenfalls Hörner. Das Fell ist schiefergrau, manchmal braunstichig, und schimmert je nach Lichteinfall blau, was seinen Namen auf Englisch und Afrikaans erklärt. Der Schwanz ist schwarz. Der lange, schmale Kopf trägt Hörner, die erst nach unten, dann nach oben gekrümmt sind. Dem Hals entlang verlaufen eine Mähne und ein Bart. An den Flanken und seitlich am Hals sind dunkler gefärbte, senkrechte Falten erkennbar, worauf der deutsche Name hinweist.

Vorkommen: Häufig im Etosha National Park und auf verschiedenen privaten Wild- und Jagdfarmen.

Wissenswertes: Trotz ihrer plumpen Erscheinung sind Streifengnus sehr agile Tiere. Werden sie erschreckt, flüchten sie sofort, wobei sie jedoch periodisch stehen bleiben, um die Situation zu evaluieren und erst weiter laufen, wenn es sich als notwendig erweist. Als sehr neugierige Tiere beobachten sie Eindringlinge sehr genau und zeigen dabei vielfältiges Erregungsverhalten: Sie schnauben, laufen im Kreis herum, tänzeln, schwenken ihren Schwanz oder scharren auf dem Boden.

Streifengnus besiedeln offene Savannengebiete. Als sehr soziale Tiere leben sie in Gruppen von 20 bis 40 Individuen, die zumeist aus einem

Antilopen und Verwandte

Leitbullen sowie den Weibchen und deren Nachwuchs bestehen. Es existieren jedoch auch Herden, die nur aus Junggesellen bestehen und welche gerne den Herden mit den Weibchen folgen, um den Leitbullen von seiner Position zu vertreiben. Männchen markieren ihre Reviere mit Duftspuren.

Als klassische Grasfresser bevorzugen Streifengnus kur-

zes Gras in Gebieten mit Zugang zu Frischwasser. Aktives Grasen findet in der Regel morgens und abends statt, während in den heißesten Mittagsstunden eine Ruhephase, nach Möglichkeit im Schatten, eingelegt wird.

Die Tragzeit beträgt rund 250 Tage. Nahezu alle Weibchen bringen ihre Kälber innerhalb von 3 Wochen, wenn die Bedingungen dafür am optimalsten sind, zur Welt. Nach der Geburt werden die Jungen von der Mutter sauber geleckt, können bereits nach einigen Minuten stehen und wenig später laufen sie bereits mit ihrer Mutter umher.

Weißschwanzgnu   **Swartwildebees**
Connochaetes gnou   Black Wildebeest/White-tailed Gnu

Kennzeichen: Kleiner als das verwandte Streifengnu erreicht es nur eine Schulterhöhe von rund 120 cm, die Weibchen sind etwas kleiner. Typisches Kennzeichen ist der namensgebende, pferdeschweifähnliche weiße Schwanz. Weiters ist die helmähnliche Verdickung der Hörner am Kopfansatz der Männchen charakteristisch, wobei auch die Weibchen Hörner tragen.

Vorkommen: Keine natürlichen Vorkommen in Namibia, jedoch auf vielen Wild- und Jagdfarmen eingeführt. Eventuell Zuwanderung aus Südafrika bei steigenden Beständen möglich.

Wissenswertes: Das Weißschwanzgnu, welches im 19. Jahrhundert durch exzessive Bejagung fast ausgerottet wurde, ist bis heute mit einem Gesamtbestand von rund 18.000 Tieren (davon rund 7.000 auf Farmen in Namibia) wesentlich seltener als das Streifengnu.

Erwachsene Männchen halten ganzjährig Reviere, welche 150 bis 500 m voneinander entfernt sind. Die Weibchen ziehen mit ihrem Nachwuchs in kleinen Herden von höchstens 30 Tieren durch diese Territorien. Die stark territorial geprägten Männchen liefern sich gelegentlich heftige Revierkämpfe, welche mitunter sogar tödlich enden können.

Abgesehen von ihrer stark ausgeprägten Territorialität entsprechen Lebensweise, Lebensraum und Fortpflanzung jenen des Streifengnus.

Antilopen und Verwandte

Kuhantilope
Alcelaphus buselaphus

Rooihartbees
Red Hartebeest

Kennzeichen: Gut hirschgroße Antilopenart, wobei die Weibchen etwas zierlicher sind. Das Fell ist zumeist von rötlichbrauner Farbe, variiert jedoch bis hin zu gelblichbraun. Etwas dunklerer Sattel, der sich am Rücken von der Schulter bis zur Schwanzwurzel zieht. Sie haben eine schwarze Stirn mit einem rötlichbraunen Fleck im Gesicht zwischen den Augen und ein schwarzes Band oberhalb des Maules. Beide Geschlechter tragen leierförmige, nach hinten gebogene Hörner.

Vorkommen: Relativ häufig in Zentralnamibia und der Kalahari-Wüste.

Wissenswertes: Kuhantilopen verfügen über einen ausgezeichneten Geruch- und Gehörsinn, sehen jedoch schlecht. Sie leben in offenen Gebieten und kommen daher im Grasland, in der halbwüstenartigen Buschsavanne und in offenen Waldgebieten vor. Werden sie aufgeschreckt neigen sie dazu, in scheinbarem Durcheinander wild grunzend herumzulaufen, bevor sie fliehen. Sie sind bis zu 65 km/h schnell, und ihr hüpfender Zickzack-Lauf macht es Verfolgern schwer sie zu erwischen.

Nach einer Tragzeit von rund 8 Monaten verlassen die Weibchen zwischen September und Dezember die Herde und bringen ein Kalb zur Welt, welches sie nur zum Säugen und zur Reinigung besuchen. Erst wenn das Kalb kräftig genug ist, schließt es sich auch der Herde an.

Springbock
Antidorcas marsupialis

Springbok
Springbuck

Kennzeichen: Die Männchen dieser relativ kleinen Antilopenart erreichen eine Schulterhöhe von rund 75 cm und ein Gewicht von rund 50 kg. Das Fell ist an der Oberseite zimtfarben, an der Unterseite weiß und ein breiter, dunkelbrauner Streifen verläuft an den Seiten von den Vorder- bis zu den Hinterbeinen. Der kurze weiße Schwanz hat eine braune Quaste, das Gesicht ist weiß und von den Augen zum Maul verläuft ein schmaler brauner Streifen. Das Hinterteil ist gekennzeichnet durch ein weißes, zur Schwanzwurzel hin spitz zulaufendes Dreieck, das durch einen dunkelbraunen Streifen eingerahmt wird. Sowohl Männchen als auch Weibchen tragen leierförmige, leicht nach hinten gebogene Hörner.

Vorkommen: Von der kargen Namib-Wüste über die Farmgebiete rund um Windhoek bis Zentralnamibia, wo sich oft große Herden zusammenfinden und sich – wie im Etosha National Park – häufig mit Zebra- und Gnuherden mischen.

Wissenswertes: Der Springbock ist nicht nur die häufigste Antilope in Namibia und sehr weit verbreitet, sondern mit einer Geschwindigkeit von bis zu 90 km/h auch eine der schnellsten. Charakteristisch sind seine senkrechten, bis zu 3,5 m hohen Luftsprünge mit steifen Beinen und nach oben gewölbtem Rücken. Bei diesen, auf Afrikaans als „pronking" (auf Deutsch: angeben oder prunken) bezeichneten Sprüngen

Antilopen und Verwandte

werden unter einer Hautfalte am Rücken lange weiße Haare sichtbar, die fächerartig hervorstehen. Diese Sprünge haben unterschiedliche Funktionen: In der Paarungszeit beeindrucken die Männchen damit die Weibchen. Bei Angriffen dienen sie einerseits der Warnung von Artgenossen, andererseits könnte aber auch dem Angreifer signalisiert werden, dass er entdeckt wurde.

In der trockenen Saison fressen Springböcke eher selektiv, während sie in der Regenzeit vornehmlich Gras weiden. Ist Wasser verfügbar, trinken sie, zumeist decken sie jedoch ihren Flüssigkeitsbedarf über die Nahrung. Auch lecken sie gezielt an mineralstoffreichen Stellen.

Die Weibchen werden bereits mit rund 7 Monaten geschlechtsreif. Die meisten gebären nach rund 24 Wochen Tragzeit einmal pro Jahr, manche sogar zweimal pro Jahr ein Junges. Bereits nach rund 4 Monaten werden die Jungen entwöhnt.

Damara-Dikdik
Madoqua kirkii

Damara-dikdik
Kirk's Dik-dik

Kennzeichen: Die kleine Antilope erreicht gerade einmal eine Schulterhöhe von knapp 40 cm und ein Gewicht von 5 kg. Die Männchen tragen kleine, spitzige Hörnchen. Während die Oberseite des Körpers gelblichgrau ist, haben Genick, Schultern und Seiten eine braune Färbung. Brust und Unterseite sind dagegen heller gefärbt. Ein wesentliches Merkmal ist ihre sehr bewegliche, rüsselartige Nase, welche zum Aufspüren von Nahrungsquellen genutzt wird.

Vorkommen: Trotz des Namens keine Vorkommen im Damaraland, sondern am Waterberg, im Etosha National Park, im Caprivi-Streifen und südwärts bis zum Brukkaros-Berg. In Namibia unter Artenschutz.

Wissenswertes: Obwohl die Tierchen meist alleine gesehen werden, bestehen Partnerschaften über Jahre, vielleicht für das ganze Leben. Sie sind sehr territorial veranlagt; bei zu starker Konkurrenz durch einwandernde Artgenossen suchen sie sich jedoch ein neues Territorium. An ihren Hufen tragen sie gut entwickelte, gummiartige Ballen, die auf hartem Untergrund als Stoßdämpfer wirken.

Dikdiks fressen gerne Schoten, Blüten, Blätter, gelegentlich auch Grastriebe. Nach einer Tragzeit von rund 6 Monaten bringt das Weibchen zwischen Dezember und April (Regenzeit) ein Junges zur Welt. In dieser Zeit ist das Nahrungsangebot am Üppigsten.

Antilopen und Verwandte

Klippspringer
Oreotragus oreotragus

Klipspringer
Klipspringer

Kennzeichen: Die etwas größeren Weibchen erreichen eine Schulterhöhe von 50 bis 60 cm und ein Gewicht von 11 bis 13 kg. Das Fell ist je nach Lebensraum braun, gelblich, grau oder rötlich gefärbt, jeweils ergänzt durch eine weißliche Unterseite.

Vorkommen: In felsigen Lebensräumen am unteren Orange River, am Kuiseb River, im zentralen Hochland, im Damara- und im Kaokoland.

Wissenswertes: Der Klippspringer weist zwei Merkmale auf, welche ihn von allen anderen Antilopen unterscheiden: Zum einen ist seine Hufstruktur bemerkenswert, denn er ist als einziges Huftier in der Lage, auf der Spitze seiner senkrecht stehenden Hufe (also seinem „Zehennagel") zu gehen. Diese Besonderheit verleiht ihm besonders guten Halt beim Klettern auf glatten Felsoberflächen. Zum anderen ist sein dickes Fell darauf ausgelegt, ihn bei Stürzen gegen Verletzungen zu schützen und bei extremen Temperaturen isolierend zu wirken.

Klippspringer neigen dazu, auf Felsen stehen zu bleiben und ihre Verfolger zu beobachten, was sie für menschliche Jäger jedoch zu einem leichten Ziel macht. Das Weibchen bringt nach einer Tragzeit von rund 6 Monaten ein Junges zur Welt, welches nach einem Jahr aus dem Familienverband ausgeschlossen wird. Die Paare bleiben einander ein Leben lang treu.

Steinböckchen
Raphicerus campestris

Steenbok
Steenbok

Kennzeichen: Diese Zwergantilope erreicht eine Schulterhöhe von rund 50 cm und ein Gewicht von rund 11 kg. Das Fell ist rötlichbraun, die Unterseite und die Innenseite der Beine sind weiß. Markant sind die großen Ohren mit der charakteristischen dunklen Zeichnung an der Innenseite und die vergleichsweise kurzen Hörner bei den Männchen.

Vorkommen: In ganz Namibia.

Wissenswertes: Das Steinböckchen ist eine der am weitesten verbreiteten Arten in Namibia. Es sucht Deckung unter Bäumen und Büschen und wird oft beim Fressen auf Feldern und an Straßenrändern beobachtet. Steinböckchen brauchen kein Wasser und sind selektive Nahrungsspezialisten: Dank ihrer länglichen Gesichtsform können sie zarte junge Blätter, Blüten, Früchte und Triebspitzen ohne Verletzungsgefahr auch von dornigen Pflanzen knabbern. In der Trockenzeit graben sie im Boden nach nährstoff- und wasserreichen Knollen und Wurzeln.

Steinböcken leben in einem hoch organisierten, territorialen Sozialsystem, in dem sich zur Paarungszeit ein Männchen sein Revier mit der Partnerin teilt. Diese bringt nur ein Junges zur Welt, welches sie die ersten 3 bis 4 Monate versteckt und nur zum Säugen zurückkehrt. Sie frisst die Ausscheidungen des Jungen, um dadurch Gerüche zu reduzieren, aufgrund derer natürliche Feinde das Junge aufspüren könnten.

Antilopen und Verwandte

Buschbock
Tragelaphus scriptus

Bosbok
Bushbuck

Kennzeichen: Er erreicht eine Schulterhöhe von rund 80 cm und wird 40 bis 80 kg schwer, die Weibchen sind etwas kleiner und leichter. Erwachsene Männchen sind dunkelbraun und verfügen über einen auffälligen Kamm längerer weißer oder gelblichweißer Haare, der sich von den Schultern bis zum Schwanz zieht. Die Schwanzspitze selbst ist von der gleichen Farbe wie der Körper, jedoch mit einer weißen Unterseite. Weibchen sind etwas heller gefärbt als die Männchen.

Vorkommen: Aufgrund seiner hoch spezialisierten Lebensraumansprüche in Namibia selten, hauptsächlich in der Caprivi-Region.

Wissenswertes: Der Buschbock lebt in Gehölzbeständen in der Nähe permanenter Gewässer, da eine konstante Wasserversorgung für ihn unbedingt erforderlich ist. Die meist einzelgängerischen Buschböcke ruhen während des Tages im dichten Gebüsch und fressen erst in der Nacht. Sie sind exzellente und schnelle Schwimmer, die bis zu 3 km schwimmen können ohne zu ermüden und auch zum Fressen problemlos ins Wasser gehen, was in Anbetracht natürlicher Feinde, die das Wasser in der Regel meiden, ein großer Vorteil ist.

Nach einer Tragzeit von 6 Monaten werfen die Weibchen ein Junges, welches sie im Unterholz verstecken und nur zum Säugen aufsuchen bis es stark genug ist, um sich alleine fortzubewegen.

Elenantilope
Taurotragus oryx

Eland
Eland

Kennzeichen: Mit einer Schulterhöhe von rund 180 cm und einem Gewicht von 400 bis 1.000 kg hat das Männchen die Dimension eines Kleinwagens. Die Weibchen werden nur 150 cm hoch und zwischen 300 und 600 kg schwer. Das Fell ist hellbeige und die schweren, spiralförmigen Hörner – welche sowohl Männchen als auch Weibchen tragen – werden bis zu 100 cm lang. Die Männchen tragen ein auffälliges Haarbüschel auf dem Kopf und ihre Hörner sind etwas dicker als jene der Weibchen.

Vorkommen: In den Farmgebieten im nördlichen Zentralnamibia (um Outjo und Tsumeb), der Kalahari-Wüste und dem Etosha National Park (speziell in der Umgebung des Namutoni-Rastlagers).

Wissenswertes: Der Name Eland stammt aus dem Niederländischen und bedeutet Elch. Sie ist die größte afrikanische Antilopenart und wurde nicht nur wegen ihres Felles und Fleisches lange Zeit gejagt, sondern auch als Arbeitstier verwendet, was die Bestände extrem dezimierte. Trotz ihres massiven Körperbaues ist die Elenantilope ein bemerkenswert agiles Tier. Sie kann mit Leichtigkeit über bis zu 3 m hohe Zäune springen und erreicht im Lauf Höchstgeschwindigkeiten von 70 km/h.

Sie ernährt sich vorwiegend von Savannengebüsch sowie Blättern und

Antilopen und Verwandte

frisst Gras nur im Sommer in nennenswerter Menge. Wasser trinkt sie, wenn es verfügbar ist, wobei sie davon jedoch nicht abhängig ist, da sie ihren Flüssigkeitsbedarf über die Nahrung deckt. Elenantilopen können bis zu einem Monat ohne Wasser überleben.

Sie leben in Gruppen von rund 25 bis 40 Tieren, welche sich unter günstigen Bedingungen

zu großen Herden zusammenschließen können. Oft werden sie gemeinsam mit Zebras und Giraffen angetroffen, möglicherweise in der Absicht, Löwen und andere Angreifer abzuschrecken. Bei Angriffen formiert sich die Herde mit den größten Männchen an der Spitze, während die Kälber und die trächtigen Kühe in den hinteren Reihen geschützt bleiben.

Die Weibchen bringen nach einer Tragzeit von rund 9 Monaten ein Kalb (selten auch zwei Kälber) zur Welt, das bereits wenige Stunden nach der Geburt mit der Herde mitläuft.

Kronenducker
Sylvicapra grimmia

Grysduiker/Gewone duiker
Common Duiker

Kennzeichen: Das Männchen erreicht eine Schulterhöhe von rund 50 cm und ein Gewicht von 15 bis 20 kg. Die Weibchen werden etwas größer und schwerer, die Männchen tragen kurze gerade Hörnchen. Das Fell ist gelblichgrau. Ihre Ohren sind lang und schmal, der Schwanz dunkel an der Ober- und weiß an der Unterseite.

Vorkommen: Überall in Namibia, besonders in der Caprivi-Region. Entlang trockener Wasserläufe durchqueren sie die Namib-Wüste.

Wissenswertes: Der Kronenducker bekam seinen Namen von seiner charakteristischen Art, bei Bedrohung in Zickzack-Bewegungen und mit tief geduckten Sprüngen in Verstecke abzutauchen. Er kann leicht mit dem – jedoch tagaktiven – Steinböckchen verwechselt werden.

Die Männchen verteidigen ihre Reviere vehement gegen Eindringlinge, die sie auch verfolgen und denen sie oftmals schwere Stichwunden mit ihren Hörnern zufügen. Der Hauptfeind des Kronenduckers ist der Leopard. Ducker ernähren sich hauptsächlich von Sträuchern und Kräutern, graben jedoch auch nach Wurzeln und Knollen. Manchmal fressen sie auch Raupen, hin und wieder sogar Aas.

Nach einer Tragzeit von rund 7 Monaten bringt das Weibchen ein Junges zur Welt, das es gut versteckt und zu dem es nur 2- bis 3-mal pro Tag zum Säugen zurückkehrt.

Antilopen und Verwandte

Sitatunga
Tragelaphus spekei

Waterkoedoe/Sitatunga
Sitatunga

Kennzeichen: Männchen erreichen eine Schulterhöhe von rund 100 cm, ein Gewicht von bis zu 125 kg und ihre Hörner werden bis zu 92 cm lang. Weibchen sind merklich kleiner, leichter und tragen keine Hörner. Das lange, raue und struppige Fell ist bei den Männchen dunkelbraun mit leichtem Graustich, bei den Weibchen eher rötlichbraun.

Vorkommen: Am Chobe und Zambezi im Caprivi-Streifen.

Wissenswertes: Die scheuen Sitatungas verbringen den größten Teil ihres Lebens im dichten Papyrus- oder Schilfdickicht. Sie sind sowohl tag- als auch nachtaktiv, kommen jedoch nur nachts aus dem Dickicht. Dieses Verhalten sowie die Dichte des bis zu 5 m hohen Röhrichts machen es schwer, diese faszinierenden Tiere zu beobachten. Ihre bis zu 18 cm langen Hufe geben ihnen festen Halt auf dem schlüpfrigen Boden der Sümpfe, was verhindert, dass sie in tiefere Wasserbereiche rutschen, wo Krokodile auf Beute lauern. Bei Angriffen von Leoparden verstecken sie sich manchmal unter Wasser und nur die Nasenöffnungen schauen hervor.

Sitatungas ernähren sich von Wasserpflanzen und Gräsern. Sie leben vorwiegend allein oder in kleinen, rein weiblichen Gruppen. Jedes Weibchen versteckt sein Junges auf kleinen Hügeln in den Sümpfen oder im hohen Grasstand auf kleinen Inselchen.

Großer Kudu
Tragelaphus strepsiceros

Koedoe
Greater Kudu

Kennzeichen: Der Kudu ist die drittgrößte Antilope Afrikas. Die Bullen, welche eine Schulterhöhe von bis zu 150 cm und ein Gewicht von 190 bis zu 315 kg erreichen, tragen lange spiralförmige Hörner mit Rekordlängen von bis zu 180 cm. Die Weibchen sind wesentlich kleiner und leichter und tragen nur selten Hörner. Das Fell ist gelbbraun bis graubraun mit weißen Streifen an den Flanken, welche in Form und Größe stark variieren können. An der Stirn tragen sie ein V-förmiges weißes Band, an den Seiten des Gesichtes weiße Flecken. Eine Mähne aus langen Haaren reicht von der Hinterseite des Kopfes über den Rücken bis zum Schwanz, sowie von der Halsunterseite bis zum Bauch.

Vorkommen: Auf wirtschaftlich genutzten Farmflächen und in Wildparks im gesamten Zentralnamibia.

Wissenswertes: Trotz ihrer Größe und ihres Gewichtes sind Kudus erstaunlich agil und können aus dem Stand Zäune von bis zu 3 m Höhe überspringen. Damit überwinden sie fast alle Wildschutzzäune und stellen daher eine große Gefahrenquelle im Straßenverkehr dar. Nachts wird diese Problematik verschärft, da Kudus leider oftmals beim Anblick nahender Scheinwerfer reglos auf der Straße erstarren.

Als klassische Savannenart kommt der Kudu nicht in Wüsten- und Waldgebieten oder im offenen Grasland vor. Er besiedelt auch zerklüf-

Antilopen und Verwandte

tetes, steiniges Terrain, welches durch Waldflächen geschützt ist und nahe an Wasserquellen liegt. Der Kudu ernährt sich von einer großen Bandbreite verschiedener Busch- und Baumblätter und frisst auch gerne Früchte, Schoten und Rankengewächse sofern diese verfügbar sind. Er frisst auch Pflanzen, die von anderen Tieren aufgrund ihrer Giftigkeit gemieden werden.

Der Kudu lebt in kleinen Herden von maximal einem Dutzend Tieren, die aus den Weibchen und ihren Jungen bestehen. Während der Paarungszeit gesellen sich die normalerweise allein lebenden Männchen kurzzeitig zu den Gruppen.

Nach einer Tragzeit von rund 7 Monaten bringt das Weibchen zu Beginn der Regenzeit, wenn das Gras am höchsten steht, ein Kalb von bis zu 16 kg Gewicht versteckt und etwas abseits der Herde zur Welt. Nach rund zwei Wochen schließt sich auch das Jungtier der Herde an.

Pferdeantilope
Hippotragus equinus

Bastergemsbok
Roan Antelope

Kennzeichen: Mit einer Schulterhöhe von rund 150 cm und einem Gewicht von bis zu 300 kg ist diese Art die viertgrößte Antilopenart Afrikas. Die Weibchen sind etwas kleiner und leichter, tragen jedoch ebenfalls Hörner. Das graubraune Fell ist leicht rötlich meliert, das Gesicht ist bis zum Hals und dem Genick dunkelbraun bis fast schwarz mit weißen Flecken oberhalb des Maules, um die Nüstern, an beiden Seiten der Lippen, sowie am Kinn.

Vorkommen: Im Nordosten, vornehmlich im Caprivi-Streifen. Weiters im Waterberg Plateau Park wieder angesiedelt.

Wissenswertes: Die Pferdeantilope gehört zu den gefährdeten Arten Namibias. Die geselligen Tiere leben in kleinen Herden von rund 5 bis 12 Individuen, die von einem Männchen angeführt werden. Sie sind zwar nicht territorial veranlagt, jedoch unterscheiden sie sich von anderen Arten dadurch, dass die dominanten Männchen ihre Weibchen gegenüber interessierten Rivalen verteidigen und somit kein bestimmtes Gebiet, sondern einige bestimmte Weibchen der Herde ihr „Territorium" darstellen. Pferdeantilopen sind vorwiegend Grasfresser und bevorzugen mittleres und längeres Gras von bis zu 150 cm Höhe. Sie meiden Bereiche mit sehr niedrigem Grasstand. Nach einer Tragzeit von rund 280 Tagen bringt das Weibchen abseits der Herde ein Junges zur Welt, bei dem es einige Tage bleibt.

Antilopen und Verwandte

Rappenantilope
Hippotragus niger

Swartwitpens
Sable Antelope

Kennzeichen: Die Männchen erreichen eine Schulterhöhe von rund 135 cm und ein Gewicht von 180 bis 270 kg. Weibchen sind etwas zierlicher, tragen jedoch ebenfalls nach hinten gebogene Hörner, die bei ausgewachsenen Männchen bis zu 150 cm lang werden können. Die Männchen sind rabenschwarz mit einem weißen Gesichtsmuster und einer weißen Bauchunterseite. Jüngere Weibchen dagegen sind kastanienbraun gefärbt und ihre Hörner sind dünner und kürzer. Charakteristisch ist zudem die aufstehende Mähne.

Vorkommen: Im Nordosten, vornehmlich im Caprivi-Streifen. Weiters im Waterberg Plateau Park angesiedelt.

Wissenswertes: Die Rappenantilope ist etwas weniger robust gebaut und leichter als die nah verwandte Pferdeantilope. Als Savannenart ist sie von guter Deckung und dem Vorhandensein von Wasser abhängig. Sie bevorzugt offenes Wald- oder Grasland mit mittelhohem bis hohem Grasstand und meidet Waldlandschaften mit hoher Baumdichte oder Flächen mit kurzem Gras. Als vorwiegender Grasfresser präferiert die Rappenantilope frisches Gras mittlerer Höhe. Sie lebt in Herden von 20 bis 30 Tieren, wobei vorübergehende Ansammlungen von bis zu 200 Tieren vorkommen. Löwen greifen die wehrhaften Antilopen zwar an, lassen dabei jedoch stets äußerste Vorsicht walten. Rappenantilopen paaren sich saisonal, das Weibchen bringt ein Junges zur Welt.

Spießbock
Oryx gazella

Gemsbok
Oryx/Gemsbok

Kennzeichen: Diese hirschgroßen Antilopen erreichen eine Schulterhöhe von rund 120 cm und ein Gewicht von max. 255 kg. Sowohl Männchen als auch Weibchen tragen bis zu 150 cm lange Hörner, wobei jene der Männchen kürzer und massiver sind. Das Fell ist durchwegs grau mit hervorstechenden schwarzen und weißen Markierungen im Gesicht und an den Beinen, schwarzen Streifen an der Seite der Flanken und einem langen schwarzen Schwanz.

Vorkommen: In ganz Namibia weit verbreitet.

Wissenswertes: Namibias Wappentier kommt dank seiner enormen Anpassungsfähigkeit an trockene Gebiete im ganzen Land vor. Seinen Flüssigkeitsbedarf deckt der Spießbock über seine Nahrung, er ist daher nicht auf Trinkwasserquellen angewiesen. Die extrem hitzeresistenten Tiere reduzieren den Wasserverlust durch Transpiration, indem sie ihre Körpertemperatur auf bis zu 46° C ansteigen lassen (was bei den meisten anderen Tiere bereits tödliche Organschäden verursachen würde) und dabei gleichzeitig das Blut kühlen, welches ins Gehirn gepumpt wird. Ihr Verhalten ist tendenziell auf die Speicherung von Wasser und das Sparen von Energie ausgelegt. Während der Hitze des Tages ruhen sie im Schatten von Bäumen und falls sie keinen Schatten finden, sind sie darauf bedacht, möglichst wenig ihrer Körperoberfläche der Sonne auszusetzen.

Antilopen und Verwandte

Die Größe der Herden reicht bis zu 40 Tieren, jedoch kommen auch Ansammlungen von mehreren Hundert Individuen vor. Das Sozialsystem ist variabel, oft treten Weibchen-Herden auf, welche durch die Reviere territorialer Bullen wandern. Konflikte zwischen rivalisierenden Männchen werden in der Regel streng ritualisiert ausgetragen, um direkte Kämpfe und damit verbundene schwere

Verletzungen möglichst zu vermeiden. Bei Angriffen von Beutegreifern setzen dagegen beide Geschlechter ihre Hörner vehement zur Verteidigung ein.

Spießböcke ernähren sich hauptsächlich von nährstoffreichen Blättern, Gräsern und Kräutern, bei Wassermangel fressen sie gerne auch sukkulente Pflanzen oder wasserreiche Früchte, wie Nara, ein auch als Gemsbok-Gurke bekanntes Kürbisgewächs.

Nach einer Tragzeit von rund 9 Monaten bringt das Weibchen ein Junges, selten auch Zwillinge, zur Welt.

Schwarznasenimpala
Aepyceros melampus petersi

Swartneusrooibok
Black-faced Impala

Kennzeichen: Bei einer Schulterhöhe von rund 90 cm werden die Männchen 45 bis 80 kg und die Weibchen 40 bis 60 kg schwer. Das Fell hat eine mattbraune Färbung und schimmert je nach Lichteinfall leicht violett-schwarz. Bei ausgewachsenen Exemplaren sind die seitlichen Gesichtspartien sowie die Rückseite der Ohren rötlichbraun gefärbt und von der Schnauze bis zur Stirn ist eine auffallende schwarze Blesse ausgeprägt. Männchen tragen bis zu 90 cm lange, leierartig geschwungene Hörner.

Vorkommen: Ursprünglich im Gebiet des Kunene River, im Etosha National Park eingeführt.

Wissenswertes: Das Schwarznasenimpala, eine Unterart des Gemeinen Impalas, wurde in den 1970er Jahren in den Etosha National Park eingeführt und hat ein dunkleres Gesicht als die anderen Unterarten. Impalas leben in der dichten Vegetation nahe an Gewässern und suchen während des Tages im Dickicht Schutz vor der Hitze. Auch in gemäßigten Vegetationszonen kommen sie vor.

Als gesellige Tiere leben Weibchen mit ihren Jungen in Herden von 10 bis 100 Tieren. Kräftige Männchen dagegen beanspruchen bei ausreichendem Nahrungsangebot Reviere von bis zu 90 ha Größe und alle darin vorkommenden Weibchen für sich. Junge und alte Männ-

Antilopen und Verwandte

chen, die zu schwach sind um ein Territorium zu verteidigen, schließen sich zu eigenen Herden zusammen und meiden die Gebiete der territorialen Männchen.

Impalas können bis zu 10 m weit und 3 m hoch springen und erreichen auf der Flucht Geschwindigkeiten von bis zu 90 km/h. Durch gezieltes Ausschlagen mit den Hinterbeinen wird aus einer Drüse

an den Füßen ein Duftstoff abgesondert, welcher der Gruppe hilft, auf der Flucht nicht getrennt zu werden. Zur Hauptnahrung zählen neben Gräsern in der Regenzeit auch Blumen, Blätter, Sprosse und Früchte. Ernährungstechnischer „Erzfeind" des Impalas ist die Ziege.

Im Gegensatz zu vielen Säugetieren Namibias ist die Fortpflanzung der Impalas streng saisonal. Die Weibchen bringen nach 6 bis 7 Monaten Tragzeit nur ein einziges Kalb zur Welt – ein Grund für die immer noch geringen Bestände im Etosha National Park.

Wasserbock
Kobus ellipsiprymnus

Waterbok/Kringgat
Waterbuck

Kennzeichen: Männchen erreichen eine Schulterhöhe von rund 120 cm und ein Gewicht von 170 bis 250 kg, Weibchen sind etwas kleiner und leichter. Das langhaarige Fell ist graubraun sowie weiß und grau meliert. Am Hinterteil prangt der charakteristische ellipsenförmige weiße Ring, dem die Antilope ihren wissenschaftlichen Namen verdankt. Das Gesicht ist um Nüstern und Augen weiß, ein weißer Streifen zieht sich zudem von der Kehle bis zum Ohransatz. Die Männchen tragen lange, nach vorne geschwungene, geringelte Hörner.

Vorkommen: Im östlichen Caprivi-Streifen und in Farmgebieten im nördlichen Zentralnamibia.

Wissenswertes: Wasserböcke sind, wie der Name bereits andeutet, stark mit dem nassen Element verbunden. Sie siedeln sich sogar dort an, wo beispielsweise lediglich durch den Betrieb von Bohrlöchern oder Pumpen künstliche Wasserstellen entstanden sind und verlassen diese Bereiche erst wenn das Wasser abgestellt wird. Sie fressen vorwiegend Gras, daneben jedoch auch Blätter. Weibchen und deren Nachwuchs sowie junge Männchen leben in Herden von 5 bis 10 Tieren, gelegentlich auch in größeren Gruppen. Territoriale Bullen beanspruchen alle Weibchen innerhalb ihres Revieres für sich. Nach rund 280 Tagen Tragzeit bringt das Weibchen ein Junges (selten auch Zwillinge) abseits der Herde zur Welt.

Antilopen und Verwandte

Letschwe
Kobus leche

Lechwe/Basterwaterbok
Lechwe

Kennzeichen: Männchen werden rund 100 cm hoch und an die 125 kg schwer, Weibchen sind etwas kleiner und leichter. Das langhaarige, raue Fell ist an der Oberseite des Körpers und an den Flanken rötlichgelb, an der Unterseite weiß. Männchen tragen leierförmige Hörner.

Vorkommen: Im östlichen Caprivi-Streifen weit verbreitet.

Wissenswertes: Nach dem Sitatunga ist der Letschwe die wasserliebendste Antilopenart. Man findet ihn selten mehr als 2 bis 3 km vom nächsten permanenten Gewässer entfernt. Zum Fressen und bei Gefahr begeben sich Letschwes gerne ins Wasser, was ihnen aufgrund ihrer Langsamkeit an Land und ihres schlecht ausgeprägten Geruchssinns zum Vorteil gereicht. Sie sind in den frühen Morgenstunden vor Sonnenaufgang und am späten Nachmittag nach Sonnenuntergang aktiv. Dank ihrer langen gespreizten Hufe können sie sich im Schlamm sehr gut fortbewegen. Letschwes sind vornehmlich Grasfresser und ernähren sich von semiaquatischen Gräsern. Während sie in den kühleren Monaten kaum trinken, nehmen sie in den heißen Perioden täglich rund dreimal Wasser zu sich. Sie leben in Herden von mehreren Hundert Tieren. Weibchen bringen nach 7 bis 8 Monaten Tragzeit ein Junges mit einem Gewicht von knapp 5 kg zur Welt. Sie verlassen die Herde um zu gebären, verstecken ihr Junges in hohem Gras und kehren morgens und nachmittags zum Säugen zu ihm zurück.

Puku
Kobus vardonii

Poekoe
Puku

Kennzeichen: Diese mittelgroße Antilope erreicht eine Schulterhöhe von rund 90 cm und ein Gewicht von rund 75 kg. Die spiralförmigen Hörner werden über 50 cm lang. Weibchen sind etwas kleiner und leichter und tragen keine Hörner. Das raue Fell ist einheitlich goldbraun mit helleren Partien an der Unterseite sowie am Schwanz. Die Stirn ist etwas dunkler als der Körper mit weißen Flecken um die Augen.

Vorkommen: In den östlichsten Regionen des Caprivi-Streifens.

Wissenswertes: Pukus bevorzugen flussnahe Gebiete und die schmalen Graslandstreifen zwischen Flüssen und Sümpfen. Sie grasen vornehmlich am frühen Morgen und am späten Nachmittag in Überschwemmungs- bzw. Augebieten, fressen jedoch auch Samen, Kräuter und Blüten. Während sich die Weibchen in Gruppen von 20 bis 40 Individuen mit ihren Nachkommen zusammenschließen, verteidigen die einzelgängerischen Männchen ihre Reviere. Nur Junggesellen schließen sich zu eigenen Herden zusammen. Wittert ein Puku Gefahr, gibt er wiederholt schrille Pfiffe ab. Zu den natürlichen Feinden gehören Löwe, Leopard und Hyäne.

Die Weibchen bringen ab ihrem zweiten Lebensjahr nach rund 9 Monaten Tragzeit ein Junges zur Welt, welches sie in der dichten Vegetation verstecken.

Antilopen und Verwandte

Großriedbock
Redunca arundinum

Rietbok
Common Reedbuck

Kennzeichen: Bei dieser mittelgroßen Antilopenart werden die Männchen an der Schulter rund 95 cm hoch und rund 70 kg schwer, die Weibchen sind etwas kleiner und leichter. Nur Männchen tragen leicht geringelte Hörner, welche bis zu 45 cm lang werden. Das Fell ist gelbbraun und grau meliert, an den Seiten und im unteren Halsbereich finden sich weiße Flecken. Der buschige Schwanz ist unten weiß.

Vorkommen: In den feuchteren Gebieten im Nordosten von Namibia, hauptsächlich im Caprivi-Streifen.

Wissenswertes: Großriedböcke sind schwierig zu beobachten, da sie dämmerungs- und nachtaktiv und im Gegensatz zu anderen Antilopenarten nur einzeln oder paarweise, nicht jedoch in großen Herden unterwegs sind. Der Bestand der Art hängt stark vom Vorkommen permanenter Feuchtgebiete bzw. von saisonal feuchtem Grasland ab. Sie entfernen sich nie weiter als 2 km von einer Wasserstelle. Aufgrund der spezifischen Habitatansprüche sind sie nur lückig verbreitet.

Als Grasfresser bevorzugt der Großriedbock ausgewählte Gräser, frisst jedoch auch kleine Mengen an Kräutern, wenn das Gras knapp ist. Obwohl nachtaktiv, frisst er auch am Tag, wenn er dazu gezwungen ist. Nach einer Tragzeit von 225 Tagen bringt das Weibchen ein Junges zur Welt, das bis zu drei Monate lang versteckt wird.

Afrikanischer Büffel
Syncerus caffer

Afrika-buffel
African Buffalo

Kennzeichen: Große und schwer gebaute Hornträger, welche unverkennbar an Rinder erinnern und damit unverwechselbar sind. Die Männchen werden mit bis zu 800 kg etwas schwerer als die Weibchen (max. 750 kg) und haben deutlich stärkere Hörner sowie eine hornige Stirnplatte. Während das Fell alter Stiere fast völlig schwarz ist, bleibt jenes der Büffelkühe heller und weist meist einen rötlichbraunen Schimmer auf.

Vorkommen: Nur im Caprivi-Streifen und im Gebiet des Waterberg Plateau Park.

Wissenswertes: Büffel sind sehr soziale Tiere und leben in großen Herden, welche mehrere Tausend Individuen umfassen können (in Namibia sind derartig große Herden allerdings selten). Innerhalb der Herden besteht eine lineare Hierarchie zwischen den Bullen, welche durch Imponier- und Drohverhalten, selten auch durch direkte Auseinandersetzungen aufrecht erhalten wird. Obwohl Büffel an sich sehr wehrhafte Tiere sind, tendieren sie bei Angriffen eher zu panischer Flucht. Wird jedoch ein einzelnes Herdenmitglied angegriffen, formieren sich die stärksten Tiere und gehen ihrerseits auf den Angreifer los. Dabei werden auch Löwen, die Hauptfeinde der Büffel, attackiert und mitunter getötet. Büffel gelten auch für den Menschen als gefährlich, insbesondere bei heimlicher und damit unerwarteter Annäherung.

Sonstige Pflanzenfresser

Büffel sind selektive Weidetiere und bevorzugen Gräser, gelegentlich fressen sie aber auch Blätter und Zweige. Aufgrund ihres hohen Körpergewichtes benötigen sie täglich große Nahrungsmengen und legen daher weite Strecken auf der Suche nach Nahrung zurück. Sie treten daher auch recht weit entfernt von Wasserstellen auf, obwohl sie auf eine regelmäßige Wasserversorgung angewie-

sen sind. Der Flüssigkeitsbedarf bestimmt jedoch die Verbreitung der Art in Namibia, welche sich daher auf die feuchtesten Landesteile beschränkt. Ihr Lebensraum wurde zudem durch die Rinderhaltung stark eingeschränkt. Zusätzlich gingen die Bestände durch die eingeschleppte Rinderpest deutlich zurück.

Nach einer Tragzeit von rund 11 Monaten bringen Büffelkühe ein Junges (äußerst selten Zwillinge) zur Welt, welches bis zu einem Jahr lang gesäugt wird. Daher hat in der Regel jede Kuh nur alle 2 Jahre ein Kalb.

Steppenzebra
Equus quagga burchelli

Bontkwagga/Bontsebra
Burchell's Zebra

Kennzeichen: Zebras sind pferdeähnliche Pflanzenfresser und durch ihr Streifenmuster leicht zu erkennen. Das Steppenzebra unterscheidet sich vom Bergzebra im Wesentlichen durch drei Merkmale: Es hat gelbliche oder gräuliche Schattenstreifen zwischen den schwarzen Streifen der Oberschenkel, weiters fehlt ihm in diesem Bereich das gitterartige Muster des Bergzebras. Auch hat das Steppenzebra keine sogenannte Wamme, eine lose Hautfalte an der Kehle.

Vorkommen: Mit rund 6.000 Individuen eine der häufigsten Säugetierarten im Etosha National Park. Weitere Vorkommen auf Farmland und in Parks in ganz Namibia.

Wissenswertes: Die Streifenfärbung der Zebras dient den Tieren zur optischen Auflösung ihrer Körper in der oft hitzeflirrenden Steppenlandschaft und damit auch dem Schutz vor möglichen Fressfeinden. Jedes Zebra hat ein individuelles Streifenmuster und ist eindeutig von anderen Tieren einer Herde zu unterscheiden; das Streifenmuster ist gleichsam ein „Fingerabdruck" (siehe auch Fotos rechts).

Zebras leben an sich in kleinen Familienverbänden mit einem Hengst und mehreren Stuten, doch schließen sich die Familien auch zu größeren Verbänden von mehreren Hundert Zebras zusammen. Diese Herden grasen oft gemeinsam mit Gnus und anderen Antilopen sowie

Sonstige Pflanzenfresser

Straußen; dabei verlassen sie sich bei der Feindvermeidung oft auf die schärferen Sinne dieser Tiere. Auf der Flucht richten sich Zebras nach der Geschwindigkeit des langsamsten Familienmitglieds und der Leithengst bleibt stets das „Schlusslicht". Dabei werden Angreifer auch durch Hufschläge attackiert. Ausschlagende Zebras können sogar einen Löwen tödlich verletzen.

Nach rund einem Jahr Tragzeit sondern sich Zebrastuten von ihrer Herde ab und bringen ihr Junges allein zur Welt. Das Junge folgt der Mutter zwar schon nach wenigen Stunden, benötigt aber 3 bis 4 Tage, um sie genau kennenzulernen. Bei der Eltern-Kind-Erkennung spielt wohl die individuelle Streifung eine wichtige Rolle. Erst wenn diese Prägungsphase abgeschlossen ist, schließen sich Stute und Fohlen wieder ihrer Herde an. Wenige Tage später grasen die Fohlen erstmals, werden aber dennoch zumindest für ein halbes Jahr gesäugt.

Hartmann-Bergzebra   Hartmann se bergkwagga
Equus zebra hartmannae   Hartmann's Mountain Zebra

Kennzeichen: Diese Unterart des Bergzebras unterscheidet sich vom Steppenzebra durch die fehlenden Schattenstreifen, ein gitterartiges Muster an den Schenkeln und eine deutlich ausgeprägte, lose Hautfalte an der Kehle, welche Wamme genannt wird. Das Hartmann-Bergzebra ist etwas größer als die Unterart Südafrikas, die als Kap-Bergzebra bezeichnet wird und in Namibia nicht vorkommt.

Vorkommen: Auf dem steinig-zerklüfteten Plateau östlich der Namib-Wüste.

Wissenswertes: Das Hartmann-Bergzebra ist an die rauen Bedingungen seiner Habitate optimal angepasst. Seine Hufe wachsen sehr schnell und kompensieren damit die starke mechanische Abnutzung in felsigem Gelände. Während der heißesten Tageszeit suchen die Tiere Schatten auf und richten nur die Schmalseiten ihrer Körper der Sonne entgegen, um eine Überhitzung zu vermeiden. Sind keine Wasserstellen vorhanden, graben sie mit den Vorderhufen nach Wasser.

Ähnlich wie Steppenzebras leben Bergzebras in kleinen Familienverbänden, welche sich in der Regel jedoch nicht zu großen Gruppen zusammenschließen. Die Leithengste dominieren einen Familienverband für bis zu 15 Jahre, bevor sie einem jüngeren Konkurrenten weichen müssen. Kämpfe um die Vorherrschaft können blutig verlaufen.

Sonstige Pflanzenfresser

Warzenschwein
Phacochoerus africanus

Vlakvark
Wart Hog

Kennzeichen: Das Warzenschwein ähnelt einem Wildschwein mit überdimensioniertem Kopf. Es ist jedoch mit einer Schulterhöhe bis 70 cm und einem Gewicht zwischen 60 und 100 kg etwas kleiner. Typisch sind die sechs paarig angeordneten Warzen am Kopf und die lange Nacken- und Rückenmähne. Männchen tragen große Hauer.

Vorkommen: Überall in Zentralnamibia. Beobachtungen sind oft bereits auf der Strecke vom Flughafen nach Windhoek möglich.

Wissenswertes: Die Funktion der namensgebenden Kopfwarzen ist nicht restlos geklärt. Sie dienen mitunter als Waffe bei Kopfstößen, werden aber auch zur Abwehr von Angriffen durch Artgenossen eingesetzt.

Warzenschweine leben in Mutterfamilien von untereinander verwandten Weibchen mit ihrem Nachwuchs. Durch ihre überwiegend grabende Nahrungssuche haben sie eine wichtige Bedeutung für die Bodenbiologie: Sie lockern den Boden auf, so dass Niederschläge leichter eindringen können. Zudem werden beim Wühlen einerseits Samen in tiefere Bodenschichten eingegraben, andererseits Wurzelknollen freigelegt, die wiederum auch anderen Tieren als Nahrung dienen.

Ähnlich wie andere Schweine sind Warzenschweine Allesfresser, und obwohl ein Großteil ihrer Nahrung pflanzlichen Ursprungs ist, fressen sie mitunter auch Aas.

Flusspferd
Hippopotamus amphibius

Seekoei
Hippopotamus/Hippo

Kennzeichen: Unverkennbar durch seine Größe, den plumpen Körper, die kurzen Beine und den riesigen Kopf. Flusspferde wiegen bis zu 2.500 kg und erreichen eine Schulterhöhe von 150 cm. Weibchen sind etwas kleiner und leichter als die Männchen. Ihre Haut ist grau und zeigt oftmals einen rosafarbenen Schimmer.

Vorkommen: Nur an den Flüssen im äußersten Norden des Landes, besonders in der Kavango- und Caprivi-Region.

Wissenswertes: Flusspferde wirken zwar an Land behäbig, sind aber ausgezeichnete und gewandte Schwimmer. Sie gelten als die gefährlichsten Wildtiere des ganzen Kontinents und sind für mehr tödliche Angriffe auf Menschen verantwortlich als alle anderen afrikanischen Säugetiere. Bedrohliche Situationen entstehen besonders, wenn die Tiere Junge mit sich führen. Auch kann es zu Angriffen kommen, wenn man sich ihnen im Wasser zu sehr nähert oder aus Versehen einem an Land grasenden Flusspferd seinen Fluchtweg ins Wasser abschneidet.

Flusspferde leben in kleinen Gruppen, können sich aber insbesondere in der Trockenzeit zu riesigen Verbänden zusammenschließen, welche verbleibende Wasserflächen in großer Dichte besiedeln. Die Männchen verteidigen kleine Reviere und sind dabei untereinander sehr aggressiv. Fast alle zeigen deutliche Narben früherer Auseinan-

Sonstige Pflanzenfresser

dersetzungen, welche häufig blutig verlaufen. Die Haut der Flusspferde heilt jedoch sehr schnell, da sie wahrscheinlich einen antibakteriellen und damit entzündungshemmenden Wirkstoff enthält, dessen genaue Zusammensetzung bisher jedoch noch unbekannt ist.

Flusspferde grasen überwiegend an Land in der Nähe ihrer Wohngewässer; die Weidegänge erfolgen in der Regel nachts. Dabei nimmt ein Flusspferd rund 130 kg Gras auf, welches im Laufe des Tages verdaut wird. Da der Kot fast ausschließlich im Wasser abgesetzt wird, tragen Flusspferde wesentlich zur Düngung ihrer Wohngewässer bei.

Nach einer Tragzeit von 230 bis 240 Tagen bringt das Weibchen ein Junges, sehr selten auch Zwillinge, zur Welt. Die Jungen können unmittelbar nach der Geburt laufen und sich vom Gewässergrund zur Oberfläche abstoßen, um Luft zu holen. Die Weibchen säugen das Junge erstaunlicherweise unter Wasser. Sie sind äußerst fürsorglich und verteidigen ihren Nachwuchs aggressiv gegen potenzielle Feinde.

Spitzmaulnashorn Swartrenoster/Grypliprenoster
Diceros bicornis Hook-lipped/Black Rhinoceros

Kennzeichen: Obwohl der englische Name andeutet, dass sich die beiden afrikanischen Nashornarten farblich unterscheiden, ist dies nicht der Fall. Auch das Spitzmaulnashorn ist dunkelgrau. Es unterscheidet sich vom Breitmaulnashorn durch den vergleichsweise gedrungeneren Schädel, die zwei tiefer angesetzten Hörner und insbesondere die spitze, fingerförmige Oberlippe.

Vorkommen: Im Etosha National Park und dank seiner guten Anpassungsfähigkeit an Trockengebiete auch im Kaoko- und Damaraland.

Wissenswertes: Schon seine bewegliche Oberlippe weist darauf hin: Das Spitzmaulnashorn ist kein typisches Weidetier, sondern ernährt sich vor allem von kleinen Zweigen und Blättern, welche es geschickt von Sträuchern und niedrigen Bäumen abzupfen kann. Daher bevorzugt die Art auch dichter buschbestandene Lebensräume als das Breitmaulnashorn. Normalerweise findet die Nahrungssuche in der Morgen- und Abenddämmerung statt, doch in der heißen, trockenen Jahreszeit ist das Spitzmaulnashorn vor allem nachtaktiv. Dieses flexible Verhalten erlaubte der Art auch eine Anpassung an Wüsten und andere Trockengebiete.

Die Gefährlichkeit von Nashörnern wird zumeist übertrieben dargestellt. Ihr Gehör und ihr Geruchssinn sind sehr gut ausgeprägt; daher

Sonstige Pflanzenfresser

nehmen sie Menschen in der Regel frühzeitig wahr und ziehen sich zumeist zurück. Bei lautloser Fortbewegung und günstigem Wind kann man sich Nashörnern jedoch recht stark annähern, so dass gefährliche Situationen entstehen können. Denn die Tiere sehen sehr schlecht und reagieren auf scheinbar plötzlich auftretende, potenzielle Gefahren in ihrer Nähe mit (Schein-) Angriffen. Spitzmaulnashörner gelten dabei als aggressiver als ihre Verwandten.

Nach einer langen Tragzeit von rund 450 Tagen werfen die Weibchen ein einzelnes Kalb und säugen es für etwa 2 Jahre. So kann jede Kuh nur alle 3 bis 4 Jahre ein Junges zur Welt bringen. Da Nashörner jedoch keine natürlichen Feinde haben – nur Löwen erbeuten gelegentlich Jungtiere unerfahrener Mütter – und mit rund 45 Jahren recht alt werden können, reicht diese geringe Fortpflanzungsrate unter natürlichen Bedingungen zur Erhaltung der Bestände aus. Erst die Bejagung durch den Menschen brachte die Nashörner an den Rand der Ausrottung. Namibia ist aufgrund seiner strengen Naturschutzgesetze neben Südafrika heute das wichtigste Verbreitungsgebiet beider Nashornarten. Da die Bestände deutlich zunehmen, können sogar Jungtiere für Wiederansiedelungsprojekte zur Verfügung gestellt werden.

Breitmaulnashorn — Witrenoster
Ceratotherium simum — Square-lipped/White Rhinoceros

Kennzeichen: Nach Elefanten und Flusspferden sind Breitmaulnashörner die drittgrößten Säugetiere Afrikas. Vom Spitzmaulnashorn ist diese Art durch den längeren Kopf und vor allem durch die breite Oberlippe, nicht jedoch durch die Hautfarbe zu unterscheiden.

Vorkommen: Regelmäßig im Etosha National Park, nach erfolgter Wiederansiedelung auch im Waterberg Plateau Park.

Wissenswertes: Die breiten Lippen dieser Nashornart sind als Anpassung an die Nahrungsaufnahme zu sehen – Breitmaulnashörner fressen bevorzugt kurze Gräser. Daher besiedeln sie vor allem offene, kurzrasige Landschaften und sind weit weniger auf Strauchwerk angewiesen als ihre Verwandten. Nur zur Deckung und als Schutz vor der Sonne suchen sie mitunter dichteres Buschwerk auf.

Breitmaulnashörner gelten als weniger aggressiv und reizbar als Spitzmaulnashörner. Sie nehmen nahende Beutegreifer oder auch Menschen über ihren Geruchssinn und ihr Gehör wahr. Droht ein Angriff, ermöglicht ihnen ihr offener Lebensraum eine leichte Flucht ohne Hindernisse. Sie sind somit nicht gezwungen, ihrerseits zu attackieren.

Da ihre Hörner als Heilmittel in der chinesischen Medizin genutzt und im Jemen zu Dolchgriffen verarbeitet werden, blüht bis heute der Schwarzmarkt für Nashorn-Hörner. Teilweise werden sehr hohe

Sonstige Pflanzenfresser

Preise dafür bezahlt. So kommt es immer wieder zu illegalen Abschüssen durch Wilderer, was beide Arten an den Rand der Ausrottung geführt hat. In Namibia stellt die Wilderei dank rigoroser Kontrollen und sehr hoher Strafen (bis zu 20 Jahre Haft für den Abschuss eines Nashorns) derzeit keine Gefährdung für die Bestände dar.

Die südliche Unterart des Breitmaulnashorns erscheint derzeit gesichert, während die nördliche Unterart im Freiland ausgestorben ist und nur noch eine einzige Zuchtgruppe halbwild in Kenia lebt. Das Nördliche Breitmaulnashorn gilt daher als eines der seltensten Säugetiere der Welt.

Zur Seltenheit der Nashörner trägt auch ihre geringe Fortpflanzungsrate bei, die beim Breitmaulnashorn kaum höher ist als beim Spitzmaulnashorn. Dennoch kann man diese Art mitunter in größeren Gruppen beobachten, da sich Weibchen mit Jungen zu lockeren Verbänden von bis zu 10 Individuen zusammenschließen.

Klippschliefer / Klipdassie
Procavia capensis — Rock Dassie/Rock Hyrax

Kennzeichen: Etwa kaninchengroße Tiere (ca. 4,5 kg), die am ehesten an Murmeltiere erinnern. Die Fellfarbe des Klippschliefers ist sehr variabel und umfasst alle Brauntöne von fast gelblich über rötlich bis hin zu reinem Graubraun. Am mittleren Rücken ragt ein längeres schwarzes Haarbüschel aus dem braunen Fell.

Vorkommen: In ganz Namibia weit verbreitet, besonders gut zu beobachten am Ozohere Campsite zwischen Khorixas und Twyfelfontein sowie am Waterberg Plateau Rastlager.

Wissenswertes: Nicht zu unrecht werden Klippschliefer in manchen afrikanischen Sprachen als die „kleinen Brüder der Elefanten" bezeichnet. Manche anatomischen Details, insbesondere der Aufbau der Füße und diverse Knochenmerkmale, sowie DNA-Analysen weisen Schliefer und Elefanten tatsächlich als nächste Verwandte aus – und dies trotz des Fehlens äußerlicher Ähnlichkeiten.

Mit ihren wulstigen Fußsohlen können sich Klippschliefer auch auf glatten Felsoberflächen sehr geschickt fortbewegen und zeigen eine erstaunliche Gewandtheit, wenn sie von Fels zu Fels springen. In ebenem Gelände bewegen sie sich dagegen sehr zaghaft und langsam, so dass sie hier eine leichte Beute für Greifvögel und andere Fressfeinde, aber auch für den Menschen, darstellen.

Sonstige Pflanzenfresser

Klippschliefer leben in Kolonien, deren Individuenzahlen vom vorhandenen Habitat und von der verfügbaren Nahrung abhängen. Der Lebensraum ist einerseits gekennzeichnet durch Busch- und Baumbestände, welche die Tiere zum Fressen brauchen, andererseits durch Anhäufungen loser Felsen bzw. durch massive Felsklippen. Oft sind ganze Felswände von ihren Exkrementen überzogen. Die meist sehr großen Kolonien bestehen aus einzelnen Familienverbänden. Diese werden von einem einzelnen Männchen angeführt und umfassen außer dem Leittier nur Weibchen und Jungtiere.

Zwischen den Familien kommt es nur zu geringen sozialen Interaktionen, obwohl sie in günstigen Habitaten auf engstem Raum nebeneinander siedeln. Männliche Jungtiere müssen noch vor dem Erreichen der Geschlechtsreife den Familienverband verlassen.

Wie Murmeltiere stellen auch Klippschliefer in ihren Kolonien Wachposten auf. Diese lösen bei der Annäherung von Fressfeinden durch laute Warnrufe Alarm aus. Dadurch können sich die Koloniemitglieder bei Gefahr rechtzeitig in Felsspalten verstecken. Dieses System ist für das Überleben der Art dringend notwendig, da sehr viele Beutegreifer an Klippschliefern Geschmack finden.

Nach einer in Relation zur Körpergröße sehr langen Tragzeit von fast 8 Monaten bringt das Weibchen 2 bis 3 Junge zur Welt. Die jungen Klippschliefer sind schon bei der Geburt vollständig behaart und können sehen. Bereits am ersten Lebenstag sind sie zudem in der Lage, behände zwischen den Felsen herumzuklettern und den Erwachsenen zu folgen. Sie werden sofort in den Familienverband eingegliedert und erlernen innerhalb der ersten paar Lebenswochen alle für das Überleben in der Wildnis notwendigen Kenntnisse, wie die Grundlagen der Nahrungssuche oder die Feindvermeidung.

Afrikanischer Elefant
Loxodonta africana

Olifant
African Elephant

Kennzeichen: Unverkennbar – der Afrikanische Elefant ist das größte Landsäugetier der Welt. Die an sich grau gefärbte Haut kann durch Sand- und Staubbäder verschiedenste Farbtönungen aufweisen. Beide Geschlechter haben den typischen Rüssel und große Ohrmuscheln. Die Männchen haben in der Regel einen dickeren Rüssel und eine gerundete Stirn, letztere wirkt bei den Weibchen „eckiger".

Vorkommen: In großer Zahl im Etosha National Park verbreitet, speziell während der trockeneren Jahreszeit. Weitere Vorkommen im Nordwesten des Landes und im Caprivi-Streifen.

Wissenswertes: In Namibia leben Elefanten zumeist in kleinen Familien von 10 bis 20 Individuen. In den Verbänden dominiert regelmäßig ein altes, erfahrenes Weibchen. An großen Wasserlöchern treffen mitunter auch mehrere Familien zusammen, so dass der Eindruck größerer Herden entstehen kann. Die Männchen leben zumeist einzeln oder in lockeren Junggesellenverbänden und schließen sich den Weibchen nur in deren fruchtbarer Periode an.

Elefanten sind nicht nur die größten Landsäuger, sie halten auch andere Rekorde: Ihre riesige Ohrmuscheln können bis zu 200 cm lang werden. Die massiven Stoßzähne alter Bullen wiegen zwischen 50 und 60 kg, selten sogar noch mehr.

Sonstige Pflanzenfresser

Da Elefanten kaum natürliche Feinde haben und bis zu 70 Jahre alt werden können, tritt in Schutzgebieten trotz der geringen Vermehrungsrate (ein Junges alle 3 bis 4 Jahre) immer wieder das Problem einer Überbevölkerung auf, so auch im Etosha National Park. Da Elefanten pro Tag rund 250 kg pflanzlicher Nahrung zu sich nehmen, kann dies eine außerordentlich zerstörerische

Wirkung auf die Vegetation der Schutzgebiete haben. Bis heute wurde für dieses Problem keine wirklich befriedigende Lösung gefunden.

Eine Besonderheit stellen die ausschließlich in Namibia vorkommenden „Wüstenelefanten" dar, welche zwar keine eigene Art sind, sich jedoch in einigen Punkten von ihren Verwandten in der Savanne unterscheiden: So haben sie verbreiterte Fußsohlen um das Laufen im Sand zu erleichtern und legen bei der Nahrungssuche sehr weite Strecken zurück. Zudem reißen sie keine Bäume aus.

Giraffe	Kameelperd
Giraffa camelopardalis	Giraffe

Kennzeichen: Giraffen sind die höchsten aller Säugetiere, vor allem bedingt durch die rund 2 m langen Beine und den lang gezogenen Hals. Am Kopf tragen Giraffen zwei hornähnliche Fortsätze, welche durch Fell und Haare bedeckt sind, und zusätzlich oft einen knochigen Höcker an der Stirn. Das Fell ist in verschiedensten Braun- und Beigetönen individuell netzartig gemustert.

Vorkommen: In allen Savannengebieten, speziell im Etosha National Park und auf vielen privaten Wildfarmen.

Wissenswertes: Trotz des langen Halses haben Giraffen nur 7 Halswirbel wie die meisten anderen Säugetiere und auch der Mensch. Um das Gehirn ausreichend mit Sauerstoff versorgen zu können, ist das bis zu 12 kg schwere Herz der Giraffen besonders leistungsstark. Es pumpt pro Minute max. 60 Liter Blut durch den Körper und sorgt damit für einen Blutdruck, der dreimal höher ist als der menschliche.

Giraffen weiden fast nie am Boden, sondern fressen Blätter und Zweige in größerer Höhe. Dabei nutzen sie geschickt ihre bis zu einem halben Meter lange, bläulich gefärbte Zunge. Besonders bevorzugt werden die Blätter verschiedener Akazien-Arten, wobei sie selbst langdornige Arten geschickt „abernten". Um ihren Tagesbedarf von rund 30 kg Nahrung decken zu können, fressen sie bis zu 20 Stunden pro Tag.

Sonstige Pflanzenfresser

Aufgrund ihrer Größe haben erwachsene Giraffen kaum natürliche Feinde. Nur Löwen greifen manchmal ausgewachsene Tiere an und attackieren vor allem an Wasserstellen, denn nur in ihrer eigenartigen Trinkhaltung sind Giraffen wirklich verwundbar. Sie verteidigen sich wehrhaft durch Tritte mit ihren Vorderbeinen, wobei die scharfkantigen Hufe selbst Löwen tödlich verletzen können.

Giraffenweibchen und Junggesellen leben jeweils in losen Verbänden von bis zu 30 Tieren. Bullen kämpfen in ritualisierter Form gegeneinander, indem sie den Kopf gegen den Hals des Gegners schlagen – oft bis zur Bewusstlosigkeit.

Die Tragzeit ist mit durchschnittlich 15 Monaten sehr lange. Die Geburt des meist einzelnen Jungtieres erfolgt im Stehen; das rund 50 kg schwere Kalb fällt dabei aus knapp 2 m Höhe auf den Boden. Gesäugt werden die Jungtiere jedoch nur 6 bis 12 Monate lang. Ihr Wachstum ist erst nach rund 10 Jahren abgeschlossen.

Gepard
Acinonyx jubatus

Jagluiperd
Cheetah

Kennzeichen: Der von der Schnauze bis zur Schwanzspitze rund 220 cm lange und 40 bis 60 kg schwere Gepard erreicht eine Schulterhöhe von rund 80 cm. Sein Schwanz kann gut ein Drittel der Körperlänge ausmachen. Er ist an den markanten aufstehenden Haarbüscheln im Schulterbereich am Rücken gut zu erkennen. Ebenso charakteristisch sind das stark gefleckte Fell sowie das einzigartige Streifenmuster am Schwanz.

Vorkommen: Ein großer Teil der gesamten verbliebenen Weltpopulation lebt in Namibia, dort vornehmlich im Etosha National Park sowie in anderen Schutzgebieten mit Savannenbeständen.

Wissenswertes: Der tagaktive Gepard ist das schnellste Landsäugetier der Welt und kann Spitzengeschwindigkeiten von mehr als 100 km/h erreichen, diese jedoch nur über eine Distanz von knapp 300 bis 400 m halten. Er schleicht sich daher bis auf rund 50 m an seine Beute heran, bevor er den Angriff beginnt, wobei männliche Geparde im Gegensatz zu den Weibchen gemeinsam jagen.

Geparde leben im offenen Grasland oder in Savannengebieten und nutzen Wälder sowie Gebiete mit dichtem Unterholz oder hohem Grasbestand lediglich als Versteck. Auf Wasser sind sie nicht angewiesen, Geparden reicht die Feuchtigkeit aus, die sie durch ihre Beute aufnehmen. Hauptbeutetiere sind kleine Antilopen wie Steinböckchen, Kronenducker und Springböcke. In der Gruppe jagen die Männchen auch größere Tiere wie etwa Gnus. Auch bei der Jagd auf Paviane, am Boden lebende Vögel, Hasen und Stachelschweine wurden Geparde bereits beobachtet, doch stellt diese Beute eher die Ausnahme dar und wird meist nur in Notzeiten gejagt.

Ähnlich wie Leoparden haben auch Geparde keine fixen Fortpflanzungssaisonen. Nach rund 90 bis 95 Tagen bringt das Weibchen im Durchschnitt drei – manchmal bis zu sechs – Junge im Schutz des hohen Grases oder gut im dichten Dickicht versteckt zur Welt. Die Jungen bleiben bis zu zwei Jahre bei der Mutter, jedoch fallen die meisten vor Erreichen der Geschlechtsreife natürlichen Feinden wie Löwen, Hyänen, Leoparden, Schakalen oder großen Greifvögeln zum Opfer. Zudem müssen Gepardenweibchen als besonders empfindliche und zarte Katzen oftmals ihre Jungen aufgeben, um nicht selbst zu verhungern. Die daraus resultierende geringe Fortpflanzungsrate trägt zusammen mit direkter Verfolgung und Lebensraumzerstörung durch den Menschen zur heutigen Seltenheit der Art bei. Namibia gilt als wichtigstes Rückzugsgebiet dieser Katzenart.

Karakal
Felis caracal

Rooikat
Caracal

Kennzeichen: Diese im Vergleich zum verwandten Serval relativ robust gebaute Katze erreicht eine Schulterhöhe von rund 45 cm und wird bis zu 17 kg schwer. Ihr Fell ist dicht, kurz und rötlichbraun. Die Unterseite von Kopf und Körper ist weiß, eine schmale schwarze Linie verläuft vom Augenwinkel zur Nase. Besonders auffällig sind die langen, schmalen Ohren mit den charakteristischen schwarzen Pinseln.

Vorkommen: In ganz Namibia, außer der Namib-Wüste, weit verbreitet. Schwierig zu beobachten, da nachtaktiv und sehr scheu.

Wissenswertes: Der Name stammt vom türkischen „kara kulak" und bedeutet „Schwarzohr". Einst wurde er im Iran und in Indien gezähmt und für die Vogeljagd trainiert. In einer Arena wurde er auf eine Schar Tauben losgelassen und auf die Anzahl der von ihm getöteten Vögel Wetten abgeschlossen.

Der Lebensraum des Karakal umfasst offene Savannen und steinige, trockene Habitate. Als Nahrung bevorzugt er Vögel, Nager und andere kleine Säugetiere.

Die guten Baumkletterer trennen sich nach der Paarung und leben einzelgängerisch. Nach einer Tragzeit von rund 70 Tagen werden zumeist drei (selten bis zu fünf) Junge geboren. Diese werden in verlassenen Höhlen, hohlen Baumstämmen oder Erdferkelbauten versteckt.

Beutegreifer

Serval   Tierboskat
Leptailurus serval   Serval

Kennzeichen: Mit einer Schulterhöhe von rund 60 cm, einer Länge inklusive Schwanz von rund 110 cm und einem Gewicht von 11 bis 18 kg gleicht diese Katze in ihren Proportionen einem mittelgroßen Hund. Das schmutziggelbe Fell ist mit großen schwarzen Punkten gemustert, die linienförmig dem Körper entlang verlaufen. Bemerkenswert sind die langen Beine und der lange Hals, der kleine Kopf, die großen aufstehenden Ohren und der relativ kurze Schwanz.

Vorkommen: Auf die feuchteren, nordöstlichen Landesgebiete beschränkt. Keine Vorkommen in Wüsten und Halbwüsten.

Wissenswertes: Der Serval lebt in dichtem Buschwerk und hohen Grasbeständen entlang von Flüssen, welche ihm einerseits als Deckung und andererseits als schattiger Ruheplatz dienen.

Die dämmerungs- und nachtaktive Katze verfügt über atemberaubende Jagdfähigkeiten und kann ebenso wie der Karakal Vögel aus der Luft fangen und dabei bis zu 3 m hoch springen. Als Hauptnahrung gelten jedoch am Boden lebende Vögel, Kleinsäuger, Frösche und Fische.

Die Jungen kommen gegen Ende der Trockenzeit in möglichst sicheren Verstecken blind zur Welt. Sie öffnen die Augen erst nach rund eineinhalb Wochen und bleiben bis zu einem Jahr unter mütterlicher Obhut, obwohl sie bereits nach 3 Wochen beginnen Fleisch zu fressen.

Löwe
Panthera leo

Leeu
Lion

Kennzeichen: Die Männchen des größten afrikanischen Fleischfressers bringen bei einer Länge von bis zu 300 cm (davon rund ein Drittel Schwanz) und einer Schulterhöhe von rund 110 cm zwischen 160 und 200 kg auf die Waage, die Weibchen sind etwas kleiner und auch leichter. Das Fell ist charakteristisch gelbbraun, die Männchen tragen die bekannte Mähne.

Vorkommen: Nur im Norden des Landes. Zwischen 250 und 750 Löwen leben im Etosha National Park, kleinere Populationen auch in der Caprivi-Region, im Kaokoland und im Skeleton Coast Park.

Wissenswertes: Erschossen, in Fallen gefangen, in der Umgebung von Farmen vergiftet oder aufgrund von Nahrungsmangel verhungert – der Bestand des Löwen in Namibia hat seit der Kolonialzeit kontinuierlich abgenommen und beschränkt sich heute im Wesentlichen auf Schutzgebiete. Erst seit kurzem steigen die Bestände wieder leicht an.

Bis zu 400 km^2 groß ist das Territorium eines Löwenrudels. Die wanderfreudigen Katzen verbringen einen Großteil ihrer Zeit mit Jagen, Patrouillieren, Spielen und Schlafen. Zur Beute der Löwen zählt eine Vielzahl an Säugetieren – von Kleinsäugern bis hin zu Antilopen und Büffeln, jungen Elefanten und Flusspferden, wobei die Weibchen den Großteil der Jagd übernehmen und dabei gemeinsam agieren.

Beutegreifer

Löwen leben in Rudeln, die aus bis zu einem Dutzend verwandter Weibchen und ihrem Nachwuchs bestehen. Während die Löwinnen ein Leben lang im Rudel bleiben, verlassen die jungen Männchen dieses im Alter von 2 bis 3 Jahren und verbringen rund 2 Jahre als Nomaden, bevor sie mit rund 5 Jahren ihr eigenes Rudel gründen bzw. ein bestehendes übernehmen.

Nach einer Tragzeit von rund 110 Tagen bringt eine Löwin bis zu 4 Junge – oft zeitgleich mit den anderen Weibchen des Rudels – zur Welt. Rund 6 Wochen später dürfen die Jungtiere aus ihrem Geburtsversteck in die „Kinderkrippe" des Rudels übersiedeln und schon nach 10 Wochen fressen sie bereits Fleisch. 6 Monate lang werden die Jungen gesäugt und bleiben etwa 3 Jahre in der Obhut ihres Rudels. Übernimmt ein neues Leitmännchen das Rudel, tötet es oftmals die Jungen des Vorgängers, um mit den Weibchen möglichst schnell eigenen Nachwuchs zeugen zu können.

Leopard
Panthera pardus

Luiperd
Leopard

Kennzeichen: Während die Männchen in Namibia inklusive Schwanz rund 210 cm lang und rund 60 kg schwer werden, sind die Weibchen zwar nur etwas kleiner, dafür jedoch nur etwa halb so schwer. Charakteristisch sind die schwarzen, rosettenförmigen Punkte auf dem goldgelben Fell. Auf dem Kopf sowie an den Beinen befinden sich einzelne schwarze Punkte. Die Unterseite der Schwanzspitze ist weiß.

Vorkommen: In ganz Namibia weit verbreitet und als einzige Großkatze auch außerhalb von Schutzgebieten zu finden. Gute Beobachtungsmöglichkeiten nur im Etosha National Park und auf ausgewählten Wildfarmen.

Wissenswertes: Leoparden sind Einzelgänger, dazu noch sehr scheu und überdies häufig nachtaktiv; daher ist es schwierig sie zu beobachten – mit Ausnahme der großen Schutzgebiete, in denen sie mitunter auch am Tag zu sehen sind.

Gerne legen sie sich am frühen Morgen auf Felsen, um sich zu sonnen. Ein Charakteristikum dieser talentierten Kletterer ist, dass sie ihre Beute auf Bäumen vor Beutedieben wie etwa Hyänen in Sicherheit bringen. Obwohl der Leopard einst in Afrika ein sehr großes Verbreitungsgebiet aufwies und eine Vielzahl an Tieren erlegen kann, ist er heute dennoch aus vielen Teilen des Kontinents verschwunden.

Beutegreifer

Im Allgemeinen zählen kleine und mittelgroße Antilopen oder die Jungtiere größerer Arten zur bevorzugten Nahrung der Leoparden. Jedoch reicht das Spektrum der Beutetiere je nach Verfügbarkeit von Mäusen bis zu Säugern, die doppelt so groß sind wie sie selbst. Auch vor Klippschliefern, Affen, Füchsen, Fischen, Reptilien und domestizierten Tieren macht der Leopard nicht halt. Gerade Übergriffe auf Haustiere haben – zumindest in der Vergangenheit – zur gnadenlosen Verfolgung dieser schönen Katzen geführt.

Die sehr hohe Flexibilität des Leoparden in Bezug auf Lebensräume und Beutetiere hat dazu geführt, dass er die am weitesten verbreitete Großkatze der Welt ist. Neben großen Teilen Afrikas umfasst sein riesiges Verbreitungsgebiet auch weite Teile Asiens – von den Wüsten des Nahen Ostens bis zu den Nadelwäldern Nordchinas.

Leoparden markieren ihre großen Reviere nicht nur mit Duftmarken und Kratzspuren an den Bäumen, sondern auch durch ein charakteristisches raues Husten, das entfernt an den Klang einer Säge erinnert. Diese Laute werden von beiden Geschlechtern verwendet und bis zu zwölfmal wiederholt. Das Husten der Männchen klingt dabei tiefer als jenes der Weibchen.

Nach einer Tragzeit von rund dreieinhalb Monaten bringen die Weibchen rund 2 bis 3 Junge in natürlichen Verstecken wie Höhlen, Bauen und hohlen Bäumen zur Welt. Junge Leoparden bleiben bis zu 18 Monate lang in der Obhut ihrer Mütter.

Zebramanguste
Mungos mungo

Gebande muishond
Banded Mongoose

Kennzeichen: Diese 0,5 bis 2 kg schweren, stämmigen Tiere werden bis zu 70 cm groß, wobei allein der Schwanz mehr als ein Drittel der Körperlänge ausmachen kann. Auffallend sind neben dem Schwanz vor allem der große Kopf mit den kleinen Ohren sowie die muskulösen Gliedmaßen. Das raue, struppige Fell ist gräulichbraun mit zahlreichen, dunkelbraunen Querstreifen am Rücken. Die Pfoten und die Schnauze sind dunkler, die Körperunterseite ist etwas heller als der restliche Körper.

Vorkommen: Weit verbreitet, gut zu beobachten beim Namutoni-Rastlager im Etosha National Park und im Waterberg Plateau Rastlager.

Wissenswertes: Zebramangusten leben im trockenen, dornigen Buschland, in der offenen Savanne sowie in lichten Wäldern und im Grasland, besonders in der Nähe von Wasservorkommen. Bevorzugt werden auch Gebiete mit vielen Termitenbauten, da diese den Mangusten sowohl als Nahrungsquelle als auch als Bau dienen.

Die geselligen Tiere leben in gemischtgeschlechtlichen Gruppen von rund 20 Individuen und schlafen auch zusammen in unterirdischen Bauen (wie z.B. verlassenen Termitenhügeln), welche alle 2 bis 3 Tage gewechselt werden. Zur Stärkung der sozialen Bindungen pflegen sie sich gegenseitig intensiv das Fell.

Beutegreifer

Sie graben ihre Nahrung, welche hauptsächlich aus Insekten, Larven und Maden besteht, mit ihren starken Klauen aus. Mangusten haben jedoch auch eine Schwäche für Schnecken, kleine Reptilien, wilde Früchte, Eier und Kücken von am Boden brütenden Vögeln.

Die Jungen werden nach einer Tragzeit von 60 bis 70 Tagen in Würfen von 2 bis 6 Jungen

in mit Gras ausgekleideten, unterirdischen Höhlen geboren. Faszinierenderweise werfen alle Weibchen einer Gruppe am selben Tag. Die Jungen verlassen erstmals nach rund 3 Wochen die Geburtshöhle und werden in Folge von den Weibchen einer Gruppe oft gemeinsam betreut und manchmal sogar von anderen Weibchen als der eigenen Mutter gesäugt. Geht die Gruppe auf die Jagd bleibt jeden Tag ein anderes ausgewachsenes Tier als Babysitter bei den Jungen. Dennoch ist die Sterblichkeitsrate mit rund 50 % in den ersten 3 Monaten relativ hoch.

Erdmännchen
Suricata suricatta

Stokstertmeerkat
Suricate

Kennzeichen: Diese possierlichen Tierchen werden 600 bis 950 g schwer und zwischen 45 und 55 cm lang, davon entfallen rund 20 cm auf den Schwanz. Auffallend sind die langen Vorderkrallen sowie der runde, breite Kopf mit der kurzen, spitzen Schnauze und den charakteristischen dunklen Ringen um die Augen. Das Fell ist bräunlichgrau mit dunkleren Flecken am Rücken und einem leicht dunkleren Schwanz.

Vorkommen: In ganz Namibia, einschließlich der Namib-Wüste, verbreitet, jedoch nicht im feuchteren Nordosten.

Wissenswertes: Das soziale Gefüge der Erdmännchen ist hoch entwickelt, innerhalb der Gruppe gibt es neben Babysitter- und Fütterservice – damit die Eltern in Ruhe auf Nahrungssuche gehen können – auch eigene Wachposten, welche in der Umgebung nach Feinden Ausschau halten und die Gruppe bei Gefahr warnen.

Hauptnahrung der Erdmännchen sind Insekten wie Ameisen oder Käfer und kleine Reptilien wie Geckos, welche durch das Sieben von Sand oder das Erforschen und Abtasten von Spalten und Rissen mit den langen Vorderkrallen aufgespürt werden. Auch Knollen und Knospen von Pflanzen werden gerne verzehrt.

Die Weibchen bringen bis zu dreimal pro Jahr jeweils 2 bis 4 Junge zur Welt, welche bereits nach 10 Wochen selbständig werden.

Beutegreifer

Tüpfel-/Fleckenhyäne	**Gevlekte hiëna**
Crocuta crocuta	Spotted Hyena

Kennzeichen: Mit einer Schulterhöhe von rund 80 cm und einer Gesamtlänge bis zu 180 cm sind diese Hyänen mit sehr großen Hunden vergleichbar. Die Weibchen sind mit einem Gewicht von rund 55 bis 80 kg etwas schwerer als die Männchen. Das Fell ist teils graubraun, teils rötlichbraun und übersät mit dunklen Flecken.

Vorkommen: Hauptsächlich im Etosha National Park, im Kaokoland, dem Caprivi-Streifen, Kavango und Bushmanland. Kleine Populationen auch in der Namib-Wüste und im Skeleton Coast National Park.

Wissenswertes: Zur bevorzugten Beute der Tüpfelhyänen zählen vor allem Gnus und deren Junge sowie Zebras, welche sie im Gegensatz zu ihren Verwandten, den Streifen- und Schabrackenhyänen, großteils mit Hilfe ihrer starken Kiefer selbst erlegen. Jedoch verschmähen sie auch Aas nicht und jagen gerne anderen Fleischfressern wie Löwen und Leoparden deren Beute ab. Im Gegensatz zu den Schabrackenhyänen brauchen Tüpfelhyänen Zugang zu frischem Wasser. Daher kommen sie in reinen Wüstengebieten nicht vor.

Sie leben in Gruppen, die von dominanten Weibchen angeführt werden und erreichen bei der Jagd Geschwindigkeiten bis 60 km/h, welche sie auch über einige Kilometer halten können. Das Weibchen bringt nach einer Tragzeit von rund 3 Monaten 2 bis 4 Junge zur Welt.

Schabrackenhyäne
Hyaena brunnea

Bruinhiëna/Strandjutwolf
Brown Hyena

Kennzeichen: Die Männchen erreichen eine Schulterhöhe von ca. 80 cm, eine Länge von etwa 120 cm und werden rund 47 kg schwer. Die Weibchen sind etwas kleiner und leichter. Das Fell ist rau und schwärzlichgrau bis dunkelbraun. An den Beinen verlaufen Querstreifen. Typisch ist auch, dass der Vorderkörper höher und kräftiger erscheint als der Hinterkörper.

Vorkommen: In Zentralnamibia bis zum Etosha National Park im Norden und den Küstengebieten der Namib-Wüste im Süden.

Wissenswertes: Berühmt ist die Schabrackenhyäne für ihr seltsames Heulen, das an hysterisches menschliches Lachen erinnert. Ihr extrem starker Kiefer mit den kräftigen Zähnen ermöglicht es ihr, sogar große Knochen zu zerbeißen und aufzufressen.

Die Schabrackenhyäne frisst vornehmlich Aas. Zwar traut sie sich nicht an Löwen und Wildhunde heran, anderen Beutegreifern wie Geparden oder Leoparden raubt sie jedoch häufig deren Beute. Im Gegensatz zur Tüpfelhyäne deckt sie ihren Feuchtigkeitsbedarf durch ihre Nahrung bzw. verzehrt sie gezielt auch wasserreiche Früchte.

Die Weibchen bringen in Höhlen oder Verstecken 2 bis 4 Junge zur Welt, die nach rund 2 Wochen ihre Augen öffnen. Es ist üblich, dass alle Mitglieder des Rudels die Jungen in ihrem Lager besuchen.

Beutegreifer

Honigdachs — Ratel
Mellivora capensis — Honey Badger

Kennzeichen: Der Honigdachs hat mit einem Gewicht rund 12 kg die Größe eines mittelgroßen Hundes. Seine Bauchseite ist schwarz, der Rücken dagegen grau; dazwischen verläuft ein hellerer Streifen. Die Krallen sind außerordentlich lang und bestens zum Graben geeignet.

Vorkommen: Fast überall in Namibia, außer in der Namib-Wüste. Häufig im Halali-Rastlager im Etosha National Park, wo er gerne den Proviant unaufmerksamer Touristen stiehlt.

Wissenswertes: Honigdachse leben einzeln oder paarweise in selbst gegrabenen Erdhöhlen in unterschiedlichsten Lebensräumen. Sie gelten als aggressiv und haben außer dem Menschen keine Feinde. Ihr Name bezieht sich auf ihre Vorliebe für Honig, sie fressen aber auch Insekten, Kleinsäuger, Eidechsen und (auch giftige) Schlangen.

Bei ihrer Suche nach Bienennestern kooperieren sie mit einem Vogel, dem Kleinen Honiganzeiger (*Indicator minor*). Wenn der Honiganzeiger ein Bienennest gefunden hat, lockt er durch beständiges Rufen den Honigdachs an diese Stelle. Dieser bricht die Baue mit seinen starken Krallen auf und verzehrt den Honig, während dem Vogel die Waben- und Honigreste sowie die umherschwirrenden Bienen als Beute bleiben. Dieses Verhalten ist ein klassisches Beispiel für eine Symbiose, eine Lebensgemeinschaft zu beiderseitigem Nutzen.

Schabrackenschakal
Canis mesomelas

Rooijakkals
Black-backed Jackal

Kennzeichen: Mit einer Schulterhöhe von 45 bis 50 cm, einer Länge von bis zu 100 cm und einem Gewicht von 7 bis 10 kg gleicht der Schabrackenschakal einem kleineren Hund. Typisch sind der breite, dunkle Sattel auf seinem Rücken sowie sein buschiger, dunkler Schwanz und die rötlichen Flanken bzw. Beine.

Vorkommen: In ganz Namibia, einschließlich der Namib-Wüste, weit verbreitet. Seltener im äußersten Nordosten des Landes. Hier kommt vor allem der nahe verwandte Streifenschakal (*Canis adustus*) vor. Am leichtesten zu beobachten im Cape Cross Seal Reserve.

Wissenswertes: Zwar wäre der Schabrackenschakal durchaus ein talentierter Jäger, doch steht Aas ganz oben auf seinem Speiseplan. In großen Robbenkolonien an der Küste findet er neben Fischresten auch tote Robbenbabys, die er gerne verzehrt und spielt damit eine bedeutende Rolle als natürliche „Hygienepolizei".

Manchmal verzehrt er jedoch auch Insekten, Vögel, Nager und sogar kleine Antilopen. Er tötet gerne auch junge Schafe und Ziegen, sofern er Zugang dazu erhält. Man findet ihn oft in der Umgebung von Campingplätzen, wo er nach Essenresten und unbewachten Lebensmitteln sucht. Er ist zudem verantwortlich für das nächtliche Verschwinden von vor Zelten und Bungalows abgestellten Schuhen, die das äußerst neugierige und verspielte Tier gerne als Spielzeug mitnimmt.

Als eine der wenigen Säugetierarten führen Schabrackenschakale langfristige, monogame Partnerschaften und kümmern sich gemeinschaftlich um die Aufzucht der jeweils zwischen 2 und 10 Jungen eines Wurfes. Diese werden zwischen Juli und Oktober nach rund 2 Monaten Tragzeit in Erdlöchern

oder Höhlen geboren, welche oft einen zweiten Ausgang als Fluchtmöglichkeit besitzen. In den ersten 2 Lebenswochen bleiben die Jungen mit der Mutter im Bau und werden vom Männchen mit Nahrung versorgt. Nach 8 bis 10 Wochen wird das Säugen eingestellt und die Jungen beginnen, gemeinsam mit den Eltern auf Nahrungssuche zu gehen. In dieser Zeit fallen sie oft großen Greifvögeln zum Opfer. Nach rund 6 Monaten verlassen die Jungtiere den Familienverband - daher ist in seltenen Fällen auch zweimal pro Jahr Nachwuchs möglich.

Löffelhund   Bakoorjakkals
Otocyon megalotis   Bat-eared Fox

Kennzeichen: Der kleine Löffelhund wird bei einem Gewicht von rund 5 kg nur rund 35 cm hoch und 70 bis 90 cm lang. Er hat ein schönes silbergraues Fell, große Ohren, schwarze Beine und einen buschigen Schwanz mit schwarzer Spitze. Auffallend ist die zudem das markant dunkler gefärbte, an Waschbären erinnernde Gesicht.

Vorkommen: Überall in Namibia.

Wissenswertes: Die monogamen Löffelhunde leben oft in Gruppen bestehend aus dem Elternpaar und ihrem Nachwuchs. Zu den natürlichen Feinden zählen große Greifvögel, Tüpfelhyänen und größere Katzen. Wird ein Familienmitglied angegriffen, versuchen Löffelhunde den Angreifer ihrerseits durch Attacken – wie etwa das Beißen in den Knöchel – zu vertreiben. Sie markieren ihr Revier, indem sie an Büsche und Bäume urinieren. Untereinander kommunizieren sie durch markante Heullaute. Die riesigen Ohren erlauben es dem Löffelhund, seine Lieblingsnahrung – Termiten – auch unter der Erde aufzuspüren und diese dann auszugraben. Er frisst jedoch auch andere Insekten, kleine Nager, Eidechsen, kleine Schlangen und Früchte.

Nach einer Tragzeit von rund 2 Monaten bringen die Weibchen rund 2 bis 6 Junge zur Welt, welche jedoch zu einem großen Teil Räubern wie der Schabrackenhyäne zum Opfer fallen.

Beutegreifer

Afrikanischer Wildhund / Wildehond
Lycaon pictus — African Hunting Dog

Kennzeichen: Mit einer Schulterhöhe von rund 75 cm und einem Gewicht von 20 bis 30 kg gleicht der Wildhund einem groß gewachsenen Haushund. Das Fell ist ungleichmäßig schwarz, gelblich und weiß gefleckt. Zu den charakteristischen Merkmalen zählen neben den großen, runden Ohren vor allem seine langen Beine sowie der buschige, breite und an der Spitze weiß gefärbte Schwanz.

Vorkommen: Im Norden und Osten Namibias.

Wissenswertes: Der Afrikanische Wildhund ist eines der am stärksten gefährdeten Säugetiere Afrikas. Einerseits wird er vom Menschen gejagt, andererseits leidet er besonders unter den Krankheiten domestizierter Tiere, mit denen er in Kontakt kommt, wie Tollwut oder Staupe.

Der Wildhund lebt in Rudeln von rund 12 bis 20 Tieren (manchmal bis zu 40). Frühmorgens und spätnachmittags wird aufgrund der höheren Erfolgsaussichten gemeinschaftlich gejagt. Entsprechend ihren Jagdstrategien bevorzugen Wildhunde offene Flächen und meiden Wälder und dichtes Buschgehölz. Sie hetzen ihre Beutetiere wie Büffel, Rinder oder Zebras erst gemeinschaftlich bis zur völligen Erschöpfung, bevor sie diese schlussendlich auseinanderreißen.

In einem Rudel paaren sich nur Alphamännchen und -weibchen. Nach rund 70 Tagen Tragzeit bringt das Weibchen 2 bis 16 Junge zur Welt.

Südafrikan. Seebär   Kaapse pelsrob
Arctocephalus pusillus   Southern Fur Seal

Kennzeichen: Typische Robbengestalt. Die Männchen werden zwischen 190 und 230 cm lang und bringen zwischen 200 und 350 kg auf die Waage. Weibchen sind kleiner, werden höchstens 180 cm lang und wiegen nur rund 90 bis 115 kg. Das Fell ist gräulichbraun und variiert von sehr hellen Grautönen bis zu fast Schwarz.

Vorkommen: An den südlichen Küsten Afrikas. In Namibia vom Orange River im Süden bis zum Kunene River im Norden, besonders große Bestände im Cape Cross Seal Reserve.

Wissenswertes: Seebären legen lange Strecken entlang der Küste und bis zu 200 km ins offene Meer hinaus zurück. Eine dicke Speckschicht und zwei Lagen raues Fell schützen die warmblütigen Tiere, die mindestens ein Drittel jedes Monats im Wasser verbringen und ihre Temperatur gezielt regulieren können, gegen die Kälte der Benguela-Strömung, welche entlang der Skeleton Coast verläuft.

Sie sind schnelle und wendige Schwimmer, können bis zu 400 m tief tauchen und bis zu 10 Minuten unter Wasser bleiben. An Land helfen ihnen Wülste an den Flossen beim Klettern über glitschige Felsen.
Zu ihren Feinden an Land gehören der Schabrackenschakal und die Schabrackenhyäne, im Wasser werden sie von Haien und Schwertwalen (Orcas) bedroht.

Ihre Nahrung besteht zu 90 % aus Fischen, von denen sie rund 270 kg pro Jahr vertilgen. Mit Hilfe ihrer scharfen, spitzen Zähne können sie ihre glitschige Beute sehr gut festhalten.

Das Sozialgefüge der Seebären dreht sich um die Bullen, welche zu Beginn der Paarungssaison Mitte Oktober Territorien abstecken und diese gegen rivalisierende Männchen

mit eindrucksvollen Brust-an-Brust-Kämpfen verteidigen. Anfang November kommen sukzessive erwachsene, schwangere Weibchen an, welche nun ihrerseits um Plätze innerhalb der Territorien kämpfen. Nach 1 bis 2 Tagen bringen sie je ein Junges zur Welt und paaren sich 6 Tage später erneut. Nach 9 Monaten werden die Jungen abgestillt und die Mütter beginnen, einige Tage lang im Meer auf Jagd zu gehen, bevor sie zurückkehren um ihre Jungen zu füttern. Dies ist für die Jungtiere eine kritische Zeit, rund ein Drittel fällt Beutegreifern zum Opfer.

Moholi-Galago   Nagapie
Galago moholi   Mohol-Galago/Bushbaby

Kennzeichen: Diese überaus niedlichen Tiere werden bis zu 50 cm groß – 20 cm davon trägt jedoch allein der buschige Schwanz dazu bei – und 150 bis 230 g schwer. Das flauschige Fell ist hellgrau, die Beine gelblich. Bemerkenswert sind vor allem die riesigen Augen und die extrem beweglichen Ohren.

Vorkommen: In weiten Teilen Nordnamibias, besonders häufig am Waterberg und im Gebiet von Grootfontein.

Wissenswertes: Das nachtaktive Buschbaby bekam seinen Namen von seinen klagenden, wimmernden Ruflauten, durch die es mit Artgenossen kommuniziert und sein Revier abgrenzt.

Es lebt in Familiengruppen von 2 bis 7 Mitgliedern in Bäumen, zwischen denen es sehr gekonnt herumspringt. Wenn es sich dennoch auf den Boden begibt, läuft es entweder auf allen Vieren oder stehend auf seinen Hinterbeinen. Die Futtersuche erfolgt nicht in der Gruppe. Pflanzensaft und Früchte stellen die Hauptnahrung dar, werden jedoch durch Insekten (Termiten, Nachtfalter, Heuschrecken und kleine Käfer) sowie Spinnen ergänzt.

Die Weibchen gebären nach rund 125 Tagen Schwangerschaft zweimal pro Jahr zumeist Zwillingsjunge, die sie erst am Bauch, später am Rücken mit sich herumtragen.

Sonstige Säugetiere

Südliche Grünmeerkatze   Blouaap
Chlorocebus pygerythrus   Vervet Monkey

Kennzeichen: Männliche Grünmeerkatzen werden bis zu 130 cm groß (davon bis zu 70 cm Schwanz) und bis zu 6 kg schwer. Ihr Fell ist silbergrau und besonders auffällig ist ihr schwarzes, von weißen Fransen umrahmtes Gesicht. Geschlechtsreife Männchen erkennt man an ihrem roten Penis und ihrem blauen Hodensack.

Vorkommen: Um den Orange River, in der nordöstlichen Caprivi-Region und in den Bezirken Grootfontein und Tsumeb.

Wissenswertes: Die Meerkatze, die in manchen Ländern Afrikas wegen ihres Fleisches gejagt wird, lebt vornehmlich in Baumsavannengebieten und meidet offenes Grasland. Ihre Nahrung besteht aus Früchten, Blättern und Insekten, auf der Suche nach Futter überfallen sie jedoch kommandoartig auch Lodges und Campingplätze. Bemerkenswerterweise wird das Futter nach dem Kauen nicht direkt geschluckt, sondern erst in den Wangentaschen aufbewahrt.

Die hochsozialen Tiere treten in hierarchisch strukturierten Gruppen auf, wobei die Dominanzverhältnisse durch Drohung und Aggression aufrechterhalten werden. Kämpfe sind einseitig und nicht auf Vergeltung ausgelegt, im Kampf unterlegene Tiere richten ihre Aggressionen gegen die in der Hierarchie unter ihnen Stehenden. Weibchen tragen einmal jährlich nach 165 Tagen Schwangerschaft ein Junges aus.

Bärenpavian/Tschakma   Kaapse bobbejaan
Papio ursinus   Cape/Chacma Baboon

Kennzeichen: Bis zu 180 cm großer (davon rund 70 cm Schwanz) und 15 bis 30 kg schwerer Affe mit hundeähnlichem Gesicht und langen Eckzähnen. Das Fell hat zumeist eine gelblichbraune Farbe, mitunter von Grau durchsetzt, entlang des Rückens verläuft ein schwärzliches Band.

Vorkommen: Weit verbreitet in Zentralnamibia, speziell um Okonjima. Oft am Straßenrand sitzend zu beobachten.

Wissenswertes: Bärenpaviane leben in Familiengruppen von bis zu 150 Tieren, wobei die soziale Hierarchie sehr komplex ist. Männchen dominieren Weibchen, innerhalb der Weibchen regelt sich die Rangordnung nach dem Alter, bei den Männchen nach der Stärke.

In menschlicher Umgebung werden sie zu Plagegeistern, denn sie durchstöbern auf der Suche nach Essbarem nicht nur Mülltonnen, sondern gerne auch Zelte, zu denen sie sich Zutritt verschaffen können, sowie Plantagen. Ihr Speiseplan als Allesfresser umfasst neben den besonders beliebten Früchten auch Samen, Wurzeln, Eier, Insekten und kleinere Wirbeltiere. Sie brauchen zudem regelmäßig Trinkwasser.

Sie sind das ganze Jahr über sexuell aktiv, nach 6 Monaten Tragzeit wird in der Regel ein Junges zur Welt gebracht, dessen Fell bei der Geburt zunächst schwarz ist.

Sonstige Säugetiere

Erdferkel
Orycteropus afer

Erdvark/Aardvark
Aardvark

Kennzeichen: Das seltsam aussehende, unterirdisch lebende Erdferkel wird bis zu 200 cm lang (davon bis zu 60 cm Schwanz) und wiegt bis zu 80 kg. Die Haut ist dünn behaart und von blassgelber bis gräulicher Farbe. Charakteristisch ist vor allem seine lange, röhrenförmige Schnauze. Der bogenförmige Rücken trägt die schweren, längeren Hinterbeine, mit denen das Erdferkel seinen muskulösen Körper antreibt. Die kürzeren Vorderbeine dienen dem nachtaktiven Tier zum Graben von Unterschlupfen und der Suche nach Nahrung.

Vorkommen: In ganz Namibia, außer an der Küste der Namib-Wüste.

Wissenswertes: Wenn das Erdferkel angegriffen wird, legt es sich auf den Rücken und verteidigt sich mit Klauentritten gegen den Angreifer. Auch Menschen jagen es als Nahrungsquelle. Die Nahrung des Erdferkels besteht vornehmlich aus Ameisen und Termiten, die es mit seinen Klauen aus ihren Bauen ausgräbt und anschließend mit seiner bis zu 30 cm langen, klebrigen Zunge fängt. Da es nur Backenzähne besitzt, kaut es seine Nahrung nicht, sondern zerkleinert diese mit Hilfe von Erdpartikeln und einem mühlenähnlichen Muskelmagen zu einem verdaulichen Brei.

Das Weibchen bringt vor Beginn der Regenzeit, wenn das Nahrungsangebot am größten ist, ein einzelnes Junges zur Welt.

Kap-Borstenhörnchen Waaierstertgrondeekhoring
Xerus inauris   Cape Ground Squirrel

Kennzeichen: Männchen werden rund 45 cm groß (davon rund die Hälfte auf den buschigen Schwanz entfallend) und an die 600 g schwer. Die Felloberseite ist zimtfarben in unterschiedlichen Schattierungen mit einem charakteristischen weißen Streifen auf jeder Seite des Körpers. Um die Augen verlaufen weiße Ringe. Der fächerartige Schwanz besteht aus langen braunen und weißen Haaren.

Vorkommen: Außer im äußersten Norden, den küstennahen Gebieten und den Regionen im Südwesten in ganz Namibia weit verbreitet.

Wissenswertes: Das Borstenhörnchen lebt am Boden und bevorzugt offenes Terrain mit kärglichem Strauchbewuchs. Das tagaktive, in geselligen Gruppen von bis zu 30 Individuen lebende Tierchen verbringt einen Großteil seiner Zeit mit dem Zu-, Um- und Neubau komplizierter unterirdischer Höhlensysteme. Da dies in sandigen Gebieten problematisch ist, meiden sie diese. Die Gruppen bestehen aus verschiedenen Weibchen mit ihrem Nachwuchs, die Männchen bevorzugen es, in der Paarungszeit verschiedene Gruppen zu „besuchen".

Hauptnahrung sind Blätter, Stiele, Samen, Knollen und Wurzeln, wobei jedoch auch Insekten hin und wieder auf dem Speiseplan stehen.

Weibchen bringen nach 42 bis 49 Tagen Tragzeit einmal im Jahr 1 bis 3 blinde und nackte Junge zur Welt.

Sonstige Säugetiere

Einstreifengrasmaus
Lemniscomys rosalia

Eenstreepmuis
Single-striped Grass Mouse

Kennzeichen: Auffallend an dieser possierlichen kleinen Maus ist das sandfarbene bis rötlichorange Fell mit einem einzigen braunen Streifen am Rücken. Der Hals sowie der Bauch und das Kinn sind hingegen schmutzig-weiß gefärbt. Die Einstreifengrasmaus wird bis zu 14 cm lang und bis zu 80 g schwer. Ihr Schwanz allein erreicht jedoch eine Länge von bis zu 16 cm.

Vorkommen: Im Norden von Namibia und im Etosha National Park.

Wissenswertes: Die tagaktive Einstreifengrasmaus lebt im Grasland oder in Gebieten mit niedriger, buschiger Vegetation, wo sie sich von Gras und Samen ernährt. Sie gräbt keine Baue, sondern baut kugelförmige Nester aus Gras und Blättern und hängt diese in niedrige Sträucher oder legt sie in hohem Gras an. Interessant ist, dass die äußerst scheue und überaus ängstliche Einstreifengrasmaus dazu tendiert, sich tot zu stellen, wenn sie berührt wird.

Die Einstreifengrasmaus lebt einzelgängerisch. Aufgrund ihrer oberirdischen Lebensweise und der damit einhergehenden hohen Sterblichkeit durch die Vielzahl natürlicher Fressfeinde (bis zu 90 % sterben innerhalb des ersten Lebensjahres) ist sie notwendigerweise sehr reproduktiv: Mit einem Wurf bringt die weibliche Maus bis zu 12 Junge in einem Nest aus weichem, fein zerkleinertem Gras auf die Welt.

Kurzohrrüsselspringer
Macroscelides proboscideus

Rondeoorklaasneus
Short-eared Elephant Shrew

Kennzeichen: Rund 40 g schwerer, spitzmausähnlicher Kleinsäuger. Im Unterschied zu seinen Verwandten besitzt der Kurzohrrüsselspringer charakteristische Backentaschen; dagegen fehlen ihm die Ringe um die Augen. Sein Fell ist braun in allen Variationen, seine Ohren sind breit, rund und innen behaart.

Vorkommen: Im trockenen Westen und Süden des Landes, speziell in der Namib-Wüste.

Wissenswertes: Zur Kommunikation mit seinen Artgenossen trommelt der einzelgängerische Kurzohrrüsselspringer mit seinen Pfoten auf den Boden. Die Reviere erreichen die erstaunliche Größe von rund 1 km^2.

Da er die gesamte benötigte Flüssigkeitsmenge über seine Nahrung aufnimmt, überlebt er auch in niederschlagsarmen Gebieten wie Wüsten- und Halbwüstenregionen, offenen Dornbusch-, Kies- und Sandgebieten. Zu seiner Nahrung zählen neben Ameisen, Termiten und Spinnen auch Früchte und weiche Pflanzenteile. Er speichert seine Nahrung in den Wangentaschen und verzehrt diese erst nachdem er sich in Sicherheit gebracht hat.

Das Weibchen bringt nach acht Wochen Tragzeit meist 2 Junge zur Welt, welche nach rund 3 bis 4 Wochen selbständig sind und sich ihr eigenes Territorium suchen.

Sonstige Säugetiere

Steppenschuppentier Ietermagog
Manis temminckii Cape/Ground Pangolin

Kennzeichen: Mit einer Länge von mehr als 100 cm und einem Gewicht von 7 bis 18 kg erreicht dieses Tier die Größe eines Hundes. Unverwechselbar ist es durch seine Rüstung aus überlappenden, schweren, rundlichen, braunen Schuppen. Lediglich um die Augen, um die Ohren, an den Wangen und am Bauch ist es behaart.

Vorkommen: In ganz Namibia außer in den südlichen Landesteilen und den küstennahen Wüstengebieten.

Wissenswertes: Als Lebensraum bevorzugt es die Savanne mit Gestrüpp, Unterholz und felsigen Hügeln und meidet Wälder und Wüstengebiete. Das Schuppentier bewegt sich auf den Außenkanten seiner Tatzen, die Krallen nach innen gekehrt und in der Regel sehr langsam. Nur in Stresssituationen legt es an Geschwindigkeit zu. Wird das nachtaktive und daher schwer zu beobachtende Tier angegriffen, rollt es sich zur Verteidigung zu einer Kugel zusammen. In manchen Ländern wird es auch von Menschen als Fleischlieferant gejagt.

Hauptnahrung des Steppenschuppentieres sind Ameisen und Termiten, welche es aus deren Bauen, aus Totholz und Misthaufen ausgräbt.

Weibchen bringen pro Jahr ein Junges zur Welt, welches nach der Geburt noch weiche Schuppen hat, sich an der Schwanzwurzel der Mutter festklammert und von dieser getragen wird.

Wale & Delfine
Cetacea

Walvisse & Dolfyne
Whales & Dolphins

Aufgrund der von der Antarktis nordwärts verlaufenden kalten Benguela-Strömung und den außergewöhnlich großen Planktonmengen im Wasser ist das Meer vor der Küste Namibias eines der fischreichsten Gewässer der Welt. Die Gebiete um Swakopmund, Walvis Bay (auf deutsch „Walbucht") und Henties Bay eignen sich daher gut zur Beobachtung der Vielzahl an Meeressäugern, die vor der Küste leben.

Die Ordnung der Wale (Cetacea) wird in Bartenwale (Mysticeti) und Zahnwale (Odontoceti), zu denen auch die Delfine zählen, unterteilt. Von den rund 80 Walarten der Welt wurde knapp die Hälfte in den Gewässern im Süden des afrikanischen Kontinents dokumentiert.

Alle Zahnwale orientieren sich mittels Echolokation. Sie stoßen dabei Schallwellen bzw. Klicklaute aus, die von Objekten in der Umgebung, wie z.B. Beutetieren, reflektiert werden. Diese Echos werden von Hohlräumen im Unterkiefer aufgefangen und zum Ohr übermittelt. Manche Arten können mehr als 1000 Klicks pro Sekunde ausstoßen.

Zahnwale, insbesondere die sozialen Delfine, leben meist in Schwärmen (sogenannten „Schulen"), was ihnen das Auffinden von Beute erleichtert und sie gegen Angreifer wie Haie schützt. Auch die Jagd erfolgt in Kooperation: Ein Teil der Tiere treibt die Beute zusammen, während der andere Teil frisst, anschließend werden die Rollen getauscht.

Sonstige Säugetiere

Zu den vor der Küste Namibias am häufigsten gesichteten Zahnwalen zählen der Große Tümmler, der Gemeine Delfin, der Schwarzdelfin, der Kleine Schwertwal, der Heaviside-Delfin, der Große Schwertwal (Orca), Grind- und Pilotwale, der Rundkopfdelfin, der Rauzahndelfin, der Südliche Glattdelfin, der Camperdown- oder Gray-Zweizahnwal, der Zwergpottwal, der Layard-Wal

sowie der bis zu 18 m lange und 50 t schwere Pottwal.

Bartenwale haben im Gegensatz zu den Zahnwalen kein Gebiss, sondern Barten, das sind Hornplatten im Oberkiefer, mit deren Hilfe sie Kleinkrebse aus dem Meerwasser filtern. Vor der Küste Namibias wurden folgende Arten gesichtet: Der Blauwal (mit einer Länge von bis zu 33 m und einem Gewicht von rund 200 t das größte und schwerste Tier der Erdgeschichte), der Edenwal, der Finnwal, der Buckelwal, der Nördliche Zwergwal, der Seiwal, sowie der Südkaper.

Tierspuren

Die meisten Säugetiere lassen sich in Namibia vergleichsweise einfach beobachten und zeigen insbesondere in den Schutzgebieten nur eine sehr geringe Scheu vor dem Menschen. In dichter besiedelten Regionen außerhalb der Schutzgebiete sind jedoch manche Arten deutlich scheuer oder zu einer nachtaktiven Lebensweise übergegangen, um dem Menschen auszuweichen. Dennoch hinterlassen auch diese Tiere ihre Spuren, seien es „klassische" Fährten, also die Abdrücke ihrer Füße und Hufe, oder auch andere Spuren, wie etwa Losungen oder Fraßspuren.

Mit Hilfe der Abbildungen in diesem Kapitel lassen sich die Spuren der häufigsten Wildarten eindeutig zuordnen und auch dort Rückschlüsse auf Säugetiervorkommen zu, wo eine direkte Beobachtung nicht oder nur erschwert möglich ist.

Streifen-/Weißschwanzgnu

Nur von Experten zu unterscheiden. Abdruck leicht asymmetrisch.

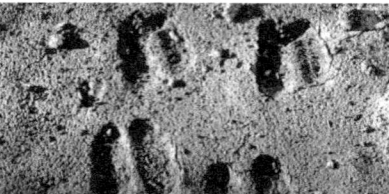

Kuhantilope

Typisch ist der große Abstand zwischen den gebogenen, schmalen Hufen.

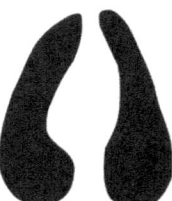

Springbock

Hufe fast symmetrisch, sehr nahe zusammen. Daher wirkt die Spur eher schmal.

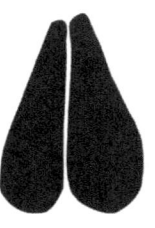

Dikdik

Die Hufe berühren sich in der Regel an der Spitze. Spur fast herzförmig.

Klippspringer

Die Hufspitze fehlt, da sie durch die Haftballen nicht bis auf den Boden reicht.

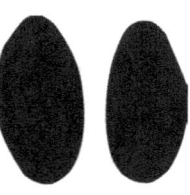

Tierspuren

Steinböckchen

Ähnlich dem Springbock, aber kleiner und am Hufhinterende ausladender.

Buschbock

Zumeist auf feuchtem Untergrund zu finden. Hufe deutlich asymmetrisch.

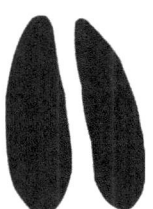

Elenantilope

Sehr große Spur, an ein Rind erinnernd. Hufe deutlich voneinander getrennt.

Kronenducker

Abgerundete Hufe berühren sich an der Spitze. Leicht asymmetrisch.

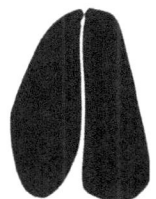

Kudu

Mit einem Hirsch vergleichbar. Spur leicht asymmetrisch, äußerer Huf länger.

Pferdeantilope

Spur dreieckig. Scharf abgezeichnete Spitze. Deutlicher zentraler Hufabstand.

Rappenantilope

Stark asymmetrisch mit einem schmaleren und einem breiteren Huf.

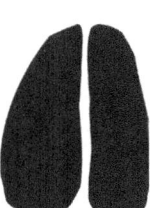

Spießbock

Spur symmetrisch herzförmig, Abstand zwischen den Hufen einheitlich.

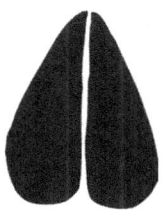

Schwarznasenimpala

Asymmetrisch mit gekrümmter Linie zwischen den Hufen.

Wasserbock

Spur schief herzförmig, da ein Huf deutlich breiter ist. Nur in Feuchtgebieten.

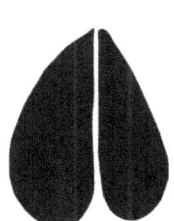

Großriedbock

Schmale, lange Hufe, deutlich getrennt und oft gespreizt. Nur in Feuchtgebieten.

Afrikanischer Büffel

Spuren gleich wie große Rinder, nur von Experten zu unterscheiden.

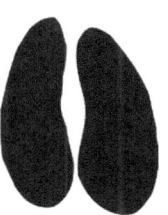

Steppen-/Hartmannzebra

Erinnert an ein unbeschlagenes Pferd. Arten sehr ähnlich.

Warzenschwein

Hinter den Hufen mitunter zwei runde Eindrücke der sogenannten Afterklauen.

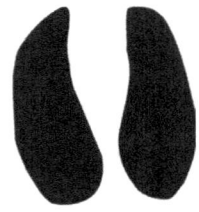

Flusspferd

Unverkennbar durch Größe und die vier Zehen. Zumeist nahe an Gewässern.

Spitz-/Breitmaulnashorn

Arten nur mit Erfahrung unterscheidbar. Typisch dreizehig.

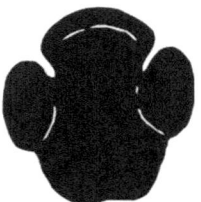

Klippschliefer

Lang gestreckter Fuß mit drei Zehen. Foto: Losungsspuren an einer Kolonie.

Elefant

Runder Fußabdruck, individuelles Muster. Foto: Losung von Wüstenelefanten.

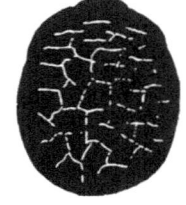

Giraffe

Große Spur. Linie zwischen den Hufen mit typisch erweitertem Knick.

Gepard

Katzenartig, aber Krallen stets sichtbar (können nicht eingezogen werden).

Karakal

Typische Katzenspur, deutlich länger als breit. Fußballen arttypisch geformt.

Serval

Typische Katzenspur, in der Regel sehr breit. Fußballen wie bei anderen Katzen.

Tierspuren

Löwe

Typische Katzenspur, allerdings sehr groß und leicht asymmetrisch.

Leopard

Typische Katzenspur. Kräftige, rundliche Zehenballen. Meist symmetrisch.

Zebramanguste

Erinnert an eine Marderspur mit vier Zehen. Krallen sind stets sichtbar.

Tüpfel-/Schabrackenhyäne

Krallen sichtbar, insgesamt aber eher Katzen als Hunden ähnlich.

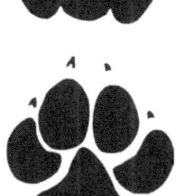

Honigdachs

Fünf sehr kräftige Zehen mit stets sichtbaren Krallen. Spur relativ breit.

Afrikanischer Wildhund

Einer Hundespur ähnlich, aber etwas schmäler bzw. länger.

Schabrackenschakal

Wie Haushund. Fotos: Fußabdrücke, Fraßspuren an Knochen.

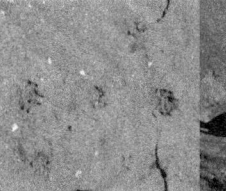

Südliche Grünmeerkatze

Fünf Finger bzw. Zehen mit deutlichem Abstand zur Fläche.

Bärenpavian

Einem menschlichen Abdruck ähnlich, jedoch kleiner. Sehr oft nur Teilabdrücke.

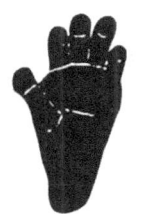

Erdferkel

Drei längliche Zehen mit starken Krallen. Foto: Aufgegrabener Termitenbau.

Die besten Beobachtungsmöglichkeiten

Säugetiere zu beobachten ist in Namibia wesentlich leichter als etwa in Mitteleuropa. Dank zahlreicher Schutzgebiete und vieler privater Wildfarmen bieten sämtliche Regionen des Landes fantastische Möglichkeiten zu eindrucksvollen Beobachtungen und zum Kennenlernen der in diesem Buch vorgestellten Arten. In den Schutzgebieten sind die Tiere mit Menschen sehr vertraut, so dass für viele Beobachtungen keine technische Ausrüstung erforderlich ist. Ein Feldstecher kann dennoch hilfreich sein, wobei die Lichtstärke eine geringere Rolle spielt als in Mitteleuropa (außer bei der Beobachtung dämmerungsaktiver Arten). Dagegen sind stärkere Vergrößerungen mitunter hilfreich.

Ideale Feldstecher sind etwa klassische „Jagdgläser" von 7x42 für die Dämmerung oder von 10x40 wegen seiner stärkeren Vergrößerung. Spektive sind in der Regel sinnlos, weil die heiße Luft, welche spätestens ab 10 Uhr vormittags zu flirren beginnt, den Blick über große Distanzen sehr stark behindert oder gar unmöglich macht.

Die geringe Scheu der Tiere ermöglicht auch ein vergleichsweise leichtes Fotografieren vieler Arten. In vielen Fällen reicht sogar ein norma-

les Teleobjektiv bis 200 mm Brennweite für eindrucksvolle Aufnahmen. Größere Flexibilität bieten stärkere Teleobjektive ab 400 mm, wobei jedoch auch hier zu beachten ist, das die flimmernde Luft scharfe Bilder aus großen Distanzen oft verhindert.

Im Folgenden werden die wichtigsten Schutzgebiete und ihre Besonderheiten kurz vorgestellt, um einen ersten Anhaltspunkt für die Reiseplanung zu erhalten bzw. zur Information, wo welche Arten zu sehen sind. Teilweise sind diese Informationen auch in den Kapiteln zu den einzelnen Arten unter dem Punkt Vorkommen enthalten.

Nationalparks

Etosha National Park: Der bekannteste Nationalpark des Landes und mit einer Fläche von derzeit 22.275 km² eines der größten Naturschutzgebiete ganz Afrikas. Langfristig gibt es Bestrebungen, den Park über seine ursprüngliche Größe hinaus auf rund 100.000 km² zu erweitern. Der Park ist ganzjährig ein Dorado für die Säugetierbeobachtung, ideal ist jedoch das Ende der Trockenzeit im Oktober/November. Die Etosha-Pfanne ist dann völlig ausgetrocknet und das Wild konzentriert sich um die Wasserlöcher. Mit Ausnahme der feuchtigkeitsliebenden Arten sind fast alle Großsäuger Namibias im Park anzutreffen.

Bwabwata National Park: 2007 durch den Zusammenschluss von Caprivi- und Mahango-Nationalpark entstanden. Während die Arten des trockeneren Südens (wie z.B. der Oryx) hier nur mehr selten angetroffen werden können, sind alle Großsäuger des Caprivi-Streifens stark vertreten. Nur hier lebt die scheue Sitatunga und auch einige der letzten Wildhunde Namibias besiedeln den Park.

Namib–Skeleton Coast National Park: Durch eine gesetzliche Neuregelung entstand 2009/10 aus den einzelnen Nationalparks Skelettküste, Namib-Naukluft, Sperrgebiet und Dorob, dem Fish River Canyon

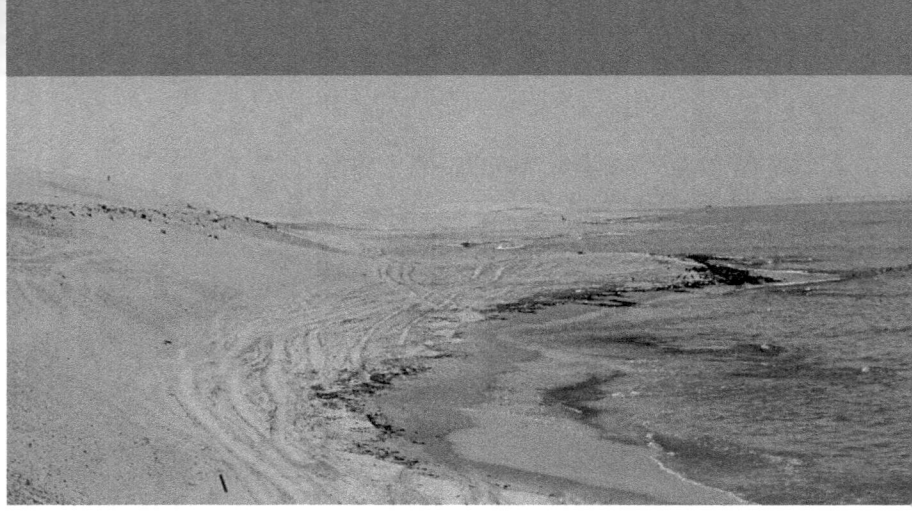

sowie dem Meeresschutzgebiet Meob-Chamais dieses riesige Schutzgebiet, mit 107.540 km², derzeit das größte Namibias und das achtgrößte der Welt. Der Nationalpark umfasst auf einer Länge von knapp 1.600 km die gesamte Küstenregion vom Orange River im Süden bis zum Kunene River im Norden. Auch die angrenzenden Gebiete in Südafrika und Angola stehen unter Schutz und werden über die Staatsgrenzen hinweg gemeinsam verwaltet. Neben zahlreichen landschaftlichen und geologischen Besonderheiten bietet der riesige Nationalpark auch beste Möglichkeiten zur Säugetierbeobachtung: die einzige frei zugängliche Robbenkolonie im Cape Cross Seal Reserve, die besten Whalewatching-Stellen in Walvis Bay und Henties Bay und die einzigartige Fauna der Namib-Wüste mit den legendären Wüstenelefanten und den Wildarten der Trocken- und Wüstengebiete.

Beobachtungsmöglichkeiten

Khaudum National Park: Der mit rund 4.000 km² vergleichsweise kleine Nationalpark liegt im feuchten Nordosten am südlichen Eingang zum Caprivi-Streifen. Er ist schwer zugänglich und weist kaum touristische Infrastruktur auf. Seine ausgedehnten Trockenwälder beherbergen neben weiter verbreiteten Arten gute Bestände seltener Antilopen und große Populationen von Löwen, Leoparden und sogar einige der letzten Wildhunde.

Mudumu und Mamili (Nkasa Lupala) National Parks: Diese beiden Nationalparks (zusammen rund 1.340 km²) liegen im Osten des Caprivi-Streifens. Beide sind kaum erschlossen und außerhalb der Trockenzeit nur mit dem Boot zu erreichen. Mit den Linyanti Swamps liegt hier das größte Feuchtgebiet Namibias. Dementsprechend kommen hier Riedböcke und andere wasserliebende Antilopen sowie Flusspferde vor. Da beide Parks als Wildnisgebiete zu betrachten sind, gelten besondere Vorschriften für den Besuch.

Waterberg Plateau National Park: Dieser kleine Nationalpark (405 km²) umfasst das Plateau des Waterbergs, bekannt seit der historischen Schlacht zwischen Herrero und Deutschland im Jahr 1904, und die unmittelbar angrenzenden Flächen am Fuße der rund 200 m hohen Klippen dieses Tafelbergs. Während der Bergfuß mit schön angelegten Wanderwegen lockt, ist das Plateau ein Wildnisgebiet und nur auf geführten Game Drives oder – nach Voranmeldung – auf einem abenteuerlichen Trekkingpfad zu erreichen. Der Park bietet die einzige Möglichkeit abseits des Caprivi-Streifens, seltene Wildarten wie Büffel, Rappen- und Pferdeantilopen zu beobachten.

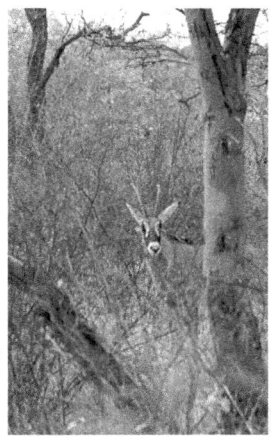

Weitere staatliche Schutzgebiete

Diese Gebiete sind kleiner als die Nationalparks, bieten jedoch ebenfalls interessante Möglichkeiten zur Wildbeobachtung.

Daan Viljoen Game Park: Das rund 40 km² große Schutzgebiet vor den Toren der Hauptstadt Windhoek (knapp 30 km nordwestlich) bietet zwar nicht den Wildreichtum der Nationalparks, aber einen guten Einstieg für die Beobachtung. Da im Park keine gefährlichen Tiere leben kann er auf zwei Wanderwegen zu Fuß erkundet werden – in Namibia eher eine Seltenheit. Dabei kann man die häufigsten Wildarten, z.B. Kudus, Streifengnus und Spießböcke, aber auch die seltenen Bergzebras hautnah erleben. Auf diese Weise ergibt sich auch die Möglichkeit, Tierspuren wesentlich umfassender und intensiver kennenzulernen als von einem Auto aus. Neben den Säugetieren bietet der Park auch eine enorme Vogelvielfalt, insbesondere rund um den kleinen Stausee in seinem Zentrum.

Popa Game Park: Direkt an den Stromschnellen des Okavango liegt dieses kleine Schutzgebiet, das besonders durch seine landschaftliche Schönheit besticht. Das Gebiet ist idealer Ausgangspunkt für den Besuch des nur 15 km entfernten Bwabwata National Parks. Häufige Wildarten und gelegentlich sogar Flusspferde können aber auch direkt an den Wasserfällen beobachtet werden.

Cape Cross Seal Reserve: Das kleine Sonderschutzgebiet ist Teil des riesigen Namib–Skeleton Coast National Parks. Am geschichtsträchtigen Kreuzkap – an dieser Stelle landeten die ersten Europäer im südlichen Afrika – liegt die einzige zugängliche Kolonie des Südafrika-

Beobachtungsmöglichkeiten

nischen Seebären in ganz Namibia. Bis zu 250.000 Individuen können zur Fortpflanzungszeit (November/Dezember) in diesem Gebiet beobachtet werden. In dieser Zeit werden einerseits die Jungtiere geboren, andererseits paaren sich die Weibchen wenige Tage nach der Geburt erneut.

Der Atem der Robben, Fischreste und tote Jungtiere sorgen für einen mitunter atemberaubenden „Duft" in der Umgebung der Kolonie. Ideal auch zur Beobachtung des Schabrackenschakals, der in den Robbenkolonien als „Gesundheitspolizei" fungiert.

Private Schutzgebiete

Neben den staatlichen Reservaten spielen in Namibia auch private Schutzgebiete eine bedeutende Rolle. Sie finden sich häufig in räumlichem Anschluss an staatliche Nationalparks.

Es werden verschieden Gebietstypen unterschieden:

Konzessionsgebiete (concessions) liegen auf staatlichen Landflächen, die zur Verwaltung für einen vertraglich vereinbarten Zeitraum an private Konzessionäre übertragen werden. Ende des Jahres 2009 gab es 7 derartige Gebiete.

Private Naturschutzgebiete stehen dagegen permanent unter privater Leitung, wurden jedoch vom Staat anerkannt. Häufig werden sie von Naturschutzstiftungen oder ähnlichen Organisationen betrieben.

Kommunalschutzgebiete (communal conservancies) sind eine namibische Spezialität und umfassen geschützte Stammes- und Gemeindegebiete sowie Farmzusammenschlüsse mit Schutzcharakter. Ende 2009 gab es 59 derartige Gebiete.

Beispiele für private Schutzgebiete:

#Gaingu Conservancy: Das Gebiet umfasst das Umfeld der Spitzkoppe und ist rund 7.700 km² groß. Neben der landschaftlichen Schönheit besticht das Gebiet durch gute Bestände aller häufigen Wildarten Zentralnamibias. Sogar Leoparden kommen hier regelmäßig vor.

#Khoadi-//Hôas Conservancy: Das Gebiet in der Kunene-Region besticht durch seine Artenvielfalt. Neben weit verbreiteten Großsäugern kommen hier sogar Elefanten, Spitzmaulnashörner, Bergzebras und Geparde vor.

//Huab Conservancy: Der durch dieses Gebiet verlaufende Huab River ist einer der wichtigsten Wanderkorridore der Wüstenelefanten. Daneben stellen Bergzebra und Leopard weitere Besonderheiten dar.

African Wild Dog Conservancy: Dieses Gebiet ist ein wichtiger Wanderkorridor für den stark bedrohten Afrikanischen Wildhund, der hier regelmäßig auftritt. Auch andere Beutegreifer wie der Gepard oder der Leopard sind häufige Gäste.

Balyerwa Conservancy: Schützt das Gebiet zwischen Mudumu und Mamili National Park im Caprivi-Streifen. Daher treten hier viele wasserliebende Arten wie seltene Antilopen, Flusspferde und Büffel auf.

Doro !nawas Conservancy: Dieses Gebiet in der Kunene-Region liegt zwischen Huab und Ugab River und ist ein wichtiges Wandergebiet der Wüstenelefanten. Daneben kommt dort eine Vielzahl anderer seltener Säugetiere (z.B. Spitzmaulnashorn, Gepard, Bergzebra) vor.

Dzoti Conservancy: Das Gebiet umfasst wertvolle Feuchtgebiete am Linyanti River. Hier leben unter anderem Letschwe, Sitatunga und andere seltene Antilopen. Neben Flusspferden kommen auch zahlreiche Beutegreifer wie Wildhunde vor.

Impalila Conservancy: Zwischen Zambesi und Chobe River gelegen bietet das Gebiet nicht nur einen Blick über das Vierländereck, sondern beherbergt auch alle wasserliebenden Säugetiere der Caprivi-Region.

Kunene River Conservancy: Direkt am Grenzfluss zu Angola gelegen besticht das Gebiet durch die einmalige Landschaft. Neben dem Etosha National Park einer der wenigen Lebensräume der Schwarznasen-Impalas. Weiters auch Flusspferde und viele andere Säugetiere.

Beobachtungsmöglichkeiten

NamibRand Nature Reserve: Das Reservat ist mit über 1.700 km² eines der größten privaten Naturschutzgebiete Afrikas und beherbergt alle Arten der Namib-Wüste. Besonders hervorzuheben sind Bergzebras, Kuhantilopen, Leoparden, Tüpfelhyänen und Löffelhunde.

Tsiseb Conservancy: In diesem Gebiet liegen der Brandberg, der höchste Berg Namibias, sowie zahlreiche weitere landschaftliche Höhepunkte. Dieses wichtige Wandergebiet für Wüstenelefanten beherbergt jedoch auch Spitzmaulnashörner, zahlreiche Beutegreifer und alle häufigen Arten Zentralnamibias.

Uibasen Twyfelfontein Conservancy: Zwar ist das Gebiet vor allem für seine geologischen und prähistorischen Sehenswürdigkeiten berühmt (Welterbestätte Twyfelfontein mit weltberühmten Felsritzungen, Verbrannter Berg, Orgelpfeifen), es bietet jedoch auch interessante Säugerbeobachtungen, z.B. sehr große Klippschliefer-Kolonien und wandernde Wüstenelefanten.

Deutsche Tiernamen

Borstenhörnchen, Kap-	76
Büffel, Afrikanischer	34
Buschbock	17
Delfine	80
Dikdik, Damara-	14
Elefant, Afrikanischer	48
Elenantilope	18
Erdferkel	75
Erdmännchen	62
Flusspferd	40
Galago, Moholi-	72
Gepard	52
Giraffe	50
Gnu, Streifen-	8
Gnu, Weißschwanz-	10
Großriedbock	33
Grünmeerkatze, Südliche	73
Honigdachs	65
Hyäne, Flecken- s. Tüpfel-	63
Hyäne, Schabracken-	64
Hyäne, Tüpfel-	63
Impala, Schwarznasen-	28
Karakal	54
Klippschliefer	46
Klippspringer	15
Kronenducker	20
Kudu, Großer	22
Kuhantilope	11
Leopard	58
Letschwe	31
Löffelhund	68
Löwe	56
Manguste, Zebra-	60
Maus, Einstreifengras-	77
Nashorn, Breitmaul-	44
Nashorn, Spitzmaul-	42
Oryx siehe Spießbock	26
Pavian, Bären-	74
Pferdeantilope	24
Puku	32
Rappenantilope	25
Rüsselspringer, Kurzohr-	78
Schakal, Schabracken-	66
Seebär, Südafrik.	70
Serval	55
Sitatunga	21
Spießbock	26
Springbock	12
Steinböckchen	16
Steppenschuppentier	79
Tschakma s. Pavian, Bären-	74
Wale	80
Warzenschwein	39
Wasserbock	30
Wildhund, Afrikanischer	69
Zebra, Hartmann-	38
Zebra, Steppen-	36

Englische Tiernamen

Aardvark	75
Baboon, Cape-/Chacma-	74
Badger, Honey	65
Buffalo, African	34
Bushbaby, Mohol- s. Galago	72
Bushbuck	17
Caracal	54
Cheetah	52
Dassie, Rock	46
Dik-dik, Kirk's	14
Dolphins	80
Duiker, Common	20
Eland	18
Elephant, African	48
Fox, Bat-eared	68
Galago, Mohol-	72
Gemsbok	26
Giraffe	50
Gnu, White-tailed s. Wildebeest, Black	10
Hartebeest, Red	11
Hippopotamus/Hippo	40
Dog, African Hunting	69
Hyena, Brown	64
Hyena, Spotted	63
Hyrax, Rock s. Dassie	46
Impala, Black-faced	28
Jackal, Black-backed	66
Klipspringer	15
Kudu, Greater	22
Lechwe	31
Leopard	58
Lion	56
Mongoose, Banded	60
Mouse, Single-striped Grass	77
Oryx s. Gemsbok	26
Pangolin, Cape-/Ground-	79
Puku	32

Reedbuck, Common	33
Rhinoceros, Hook-lipped/Black	42
Rhinoceros, Square-lipped/White	44
Roan Antelope	24
Sable Antelope	25
Seal, Southern Fur	70
Serval	55
Shrew, Short-eared Elephant	78
Sitatunga	21
Springbuck	12
Squirrel, Cape Ground	76
Steenbok	16
Suricate	62
Vervet Monkey	73
Wart Hog	39
Waterbuck	30
Whales	80
Wildebeest, Black	10
Wildebeest, Blue	8
Zebra, Burchell's	36
Zebra, Hartmann's Mountain	38

Wissenschaftliche Tiernamen

Acinonyx jubatus	52
Aepyceros melampus petersi	28
Alcelaphus buselaphus	11
Antidorcas marsupialis	12
Arctocephalus pusillus	70
Canis mesomelas	66
Ceratotherium simum	44
Cetacea	80
Chlorocebus pygerythrus	73
Connochaetes gnou	10
Connochaetes taurinus	8
Crocuta crocuta	63
Diceros bicornis	42
Equus quagga burchelli	36
Equus zebra hartmannae	38
Felis caracal	54
Galago moholi	72
Giraffa camelopardalis	50
Hippopotamus amphibius	40
Hippotragus equinus	24
Hippotragus niger	25
Hyaena brunnea	64
Kobus ellipsiprymnus	30
Kobus leche	31
Kobus vardonii	32
Lemniscomys rosalia	77
Leptailurus serval	55
Loxodonta africana	48
Lycaon pictus	69
Macroscelides proboscideus	78
Madoqua kirkii	14
Manis temminckii	79
Mellivora capensis	65
Mungos mungo	60
Oreotragus oreotragus	15
Orycteropus afer	75
Oryx gazella	26
Otocyon megalotis	68
Panthera leo	56
Panthera pardus	58
Papio ursinus	74
Phacochoerus africanus	39
Procavia capensis	46
Raphicerus campestris	16
Redunca arundinum	33
Suricata suricatta	62
Sylvicapra grimmia	20
Syncerus caffer	34
Taurotragus oryx	18
Tragelaphus scriptus	17
Tragelaphus spekii	21
Tragelaphus strepsiceros	22
Xerus inauris	76

Impressum

© 2011 Manfred Föger, Anita Kuprian

Layout: Anita Kuprian, BLU
Bildbearbeitung: Manfred Föger, BLU

Alle Angaben dieses Werkes wurden von den Autoren sorgfältig recherchiert und auf den aktuellen Stand gebracht. Für die Richtigkeit der Angaben kann jedoch keine Haftung übernommen werden.

Für Hinweise und Anregungen zu diesem Buch sind wir jederzeit dankbar. Bitte richten Sie diese an:
BLU - Biologie Landschaft Umwelt
Kaiser-Franz-Joseph-Straße 14
A-6020 Innsbruck
office@blu.or.at

Bildnachweise:
Fotolia.de/alain: S. 57 (unten); Fotolia.de/Beckhusen: S. 45 (oben); Fotolia.de/berti: S. 43; Fotolia.de/Cachorro: S. 41 (unten); Fotolia.de/Dean, Andy: S. 15; Fotolia.de/DirkR: S. 42; Fotolia.de/EcoView: S. 10, 24, 32, 64, 68, 72; Fotolia.de/Edelmann, Andreas: S. 17; Fotolia.de/ewanc: S. 53 (oben); Fotolia.de/Gosch, Ralf: S. 38; Fotolia.de/Lange, Harald: S. 69; Fotolia.de/Leviez, Frédéric: S. 40; Fotolia.de/Lubcke, Timothy: S. 41 (oben); Fotolia.de/Maszlen, Peter: S. 44; Fotolia.de/Moehlig, Hans-Peter: S. 78; Fotolia.de/Oosthuizen, Alta: S. 20; Fotolia.de/patriesphoto: S. 65; Fotolia.de/pauws99: S. 75; Fotolia.de/PeteZ: S. 56; Fotolia.de/Reisbegeleider.com: S. 57 (oben); Fotolia.de/Taylor, Stuart: S. 59; Fotolia.de/Tschui, Alfred: S. 55; Fotolia.de/wiw: S. 63; Fotolia.de/Yamin, Ismail: S. 52; Fotolia.de/Znamenskiy, Oleg: S. 53 (unten); Jakubec, Karel: S. 21; Landfair, Alexander: S. 73; Masteraah: S. 79; Restall, Ian: S. 31; Zoonar/Brehm, Hermann: S. 54; Zoonar/Kruger, Chris: S. 30; Zoonar/Mayall, Paul: S. 33; Zoonar/Rüter, Dirk: S. 74; Zoonar/Smit, Nico: S. 25
Alle übrigen Bilder: Archiv BLU Dr. Manfred Föger

Tierspuren (S. 82-85): Van Ijzendoorn, Karin/Dreamstime.com

Umschlag: Gemischte Tiergruppe am Wasserloch Kalkheuwel, Etosha National Park

---

Bibliografische Information der Deutschen Nationalbibliothek
Die Deutsche Nationalbibliothek verzeichnet diese Publikation in der Deutschen Nationalbibliografie; detaillierte bibliografische Daten sind im Internet über **http://dnb.d-nb.de** abrufbar.

Herstellung und Verlag:
Books on Demand GmbH, Norderstedt
ISBN 978-3-8423-4804-2

www.ingramcontent.com/pod-product-compliance
Lightning Source LLC
Chambersburg PA
CBHW071200240526
45470CB00017B/798